北京近代建筑
结构检测与保护研究

（第一辑）

张　涛　著

学苑出版社

图书在版编目（CIP）数据

北京近代建筑结构检测与保护研究 . 第一辑 / 张涛著 . —北京：
学苑出版社，2020.10
ISBN 978-7-5077-6041-5

Ⅰ.①北… Ⅱ.①张… Ⅲ.①古建筑—建筑结构—检测—研究
—北京—近代②古建筑—建筑结构—保护—研究—北京—近代
Ⅳ.① TU-87

中国版本图书馆 CIP 数据核字（2020）第 194788 号

责任编辑：周 鼎 魏 桦
出版发行：学苑出版社
社 址：北京市丰台区南方庄 2 号院 1 号楼
邮政编码：100079
网 址：www.book001.com
电子信箱：xueyuanpress@163.com
联系电话：010-67601101（营销部）、010-67603091（总编室）
经 销：全国新华书店
印 刷 厂：英格拉姆印刷(固安)有限公司
开本尺寸：889×1194 1/16
印 张：16
字 数：215 千字
版 次：2020 年 11 月第 1 版
印 次：2020 年 11 月第 1 次印刷
定 价：360.00 元

目录

绪论　北京近代建筑的发展与保护

一提起近代建筑大家多数会想到那些洋味十足的西洋建筑，这些西方传入的建筑为北京的建筑大家庭增添了新的面貌和新的理念。也因为有了新的建筑形式，也改变了很多人的生活方式和习惯。不仅如此，很多珍贵的近代建筑还成为了文物，甚至是全国重点文物保护单位。那么北京的近代建筑是什么时候传入的？都涵盖哪些内容？他们又是怎么分类的？他们又是怎么和我国的传统建筑碰撞和融合的呢？

1. 北京近代建筑的传入和发展

虽然名为近代建筑，但是其传入时间却不是在近代，早在清早期就已经随着传教士们的漂洋过海来到中国而被带到了北京。清代康熙年间，西方传教士南怀仁、汤若望就在明朝末年利玛窦建造的北京南堂基础上建造了具有西方风格的教堂。

随后，清中期的乾隆年间西洋建筑进入了皇家园林，并开始成规模的在圆明园建造，而主要设计者就是著名的西方传教士、画家郎世宁。圆明园内的大水法、西洋楼等著名西洋风格的建筑都是出自郎世宁之手。乾隆年间还将这种西洋风格的建筑引入了皇家寺院，在北京海淀区长河岸边的万寿寺内，建造了三座西洋风格的门和两侧围墙。

清后期，以1840年第一次鸦片战争为标志，中国进入近代历史。如果说清早期和中期只是小范围小规模的建造，这一时期西洋风格的建筑开始大量涌入。这也是西洋风格的建筑之所以被命名为近代建筑的重要原因。

一方面是传统的西方传教士开始大规模建造西洋风格的教堂，如北京的天主教四大堂（南堂、东堂、北堂和西堂）、基督教崇文门堂等著名教堂都是这一时期建造或者改造为西洋风格的高大建筑。另一方面则是外国的使领馆建筑、银行、商行、邮局等

1

大多数采取了西洋风格的建筑。如北京著名的西交民巷使馆建筑群就主要是这一时期建造的西洋风格建筑物。甚至是一些清朝政府机构都开始采用西洋风格的建筑，如清政府的陆军部和海军部就是采用西方古典式的柱廊，装饰上则采用了巴洛克风格。

这一时期，比起刚刚传入和中期有了一个变化，就是设计师和工匠们开始尝试中西融合。如果说中期的圆明园是采取了一个区域完全是西洋建筑，被分割开来独立存在，而这一时期开始区域上的混搭以及单体建筑上的中西融合。如英国使馆保留了肃王府的部分建筑，穿插其中建造西洋建筑。上面提到的陆军部海军部虽然装饰风格是巴洛克，但是装饰的花卉和雕刻技艺则大量融合了中国传统要素和题材。基督教中华圣经会和基督教中华圣公会教堂两组建筑都是清光绪年间采用了中式外观和西式结构的中西合璧式建筑的代表性实例。

进入民国以后，一方面是中西交流进一步广泛和深入。另一方面是大量留学西方的各界人士，尤其是建筑师回到国内，开始建造和设计西方风格的建筑。因此西洋建筑进一步风行，同时也进一步与中国建筑的深入融合。这一时期出现更多的一个现象是西方传教士和商人兴办的医院、学校大量采用了西洋建筑风格。如北京协和医学院、燕京大学（未名湖燕园建筑）、辅仁大学、通州潞河中学等都是这一时期建造的具有西洋风格的著名中西合璧建筑。另一个是西洋风格被更多的政府机构办公楼、金融商业和店铺所采纳。如聚集在西交民巷的银行建筑几乎全部采用西方建筑结构和风格，现存的大陆银行、保商银行、中央银行、中国农工银行都是采用了西洋建筑风格，就连大栅栏内的很多传统老字号，如瑞蚨祥、谦祥益、祥义号等门面的铺面也改为西洋建筑形式。进一步融合表现的第三个表现是很多住宅也采用或者融入了西方建筑形式。从高级官员、富商到中产阶级都有住宅使用。表现最为突出的还要数北京四合院的西洋式大门了，从内城到外城出现了大量四合院采用西洋建筑形式和元素的，因为较为普遍甚至形成了一种四合院大门建筑类型——西洋式大门。

伴随着西洋古典形式在京华大地的流行和与中国传统建筑的碰撞与融合。一种后来称为现代主义风的建筑风格也悄然出现。1919 年 4 月 1 日由德国建筑大师格罗皮乌斯创建的包豪斯学校成立，格罗皮乌斯和后来的校长也是建筑大师密斯·凡德罗等脱离开了西方古典主义建筑风格，创造出了一种新的"形式追随功能""立面简约"的现代主义风建筑。而且随着包豪斯学校被希特勒纳粹政府强迫解散，格罗皮乌斯、密斯·凡德罗、勒·柯布西耶、赖特、阿尔瓦阿图等五位大师以及包豪斯培养出来的众多建筑精英们分别在哈佛大学建筑学院、牛津大学建筑学院、宾夕法尼亚大学建筑学院等世界著名高校任教和在世界范围内开始了大量实践活动的情况下，现代主义风建筑得到了全世界范围的认可，成为现代城市建筑的主流，从而成为世界主义风建筑，也就是我们现代城市所见到的这些高楼大厦的样貌。留学宾夕法尼亚大学的建筑大师梁思成同其夫人林徽因于1933年设计了北京大学地址学馆和北京大学女生宿舍都是体现现代主义风理念和风格的代表作。这种现代主义风的建筑在这一时期虽然不多，还是以西洋古典和中国传统相结合占主导地位，却也是一种新形式的出现，成为了近代建筑的新成员。当然，从另一个角度讲，现代主义风建筑也是中国从近代建筑向着现代建筑迈进的一个标志。

2. 近代建筑的内容和分类

从上面的近代建筑发展历程我们可以较为清晰的看出，近代建筑从形式角度来看，是包含了从清代早期到民国时期融合了西洋风格甚至是现代主义风的建筑物。这种形式既是那些完全按照西方古典主义风格建造的西洋建筑，也可以是融合中西风格为一体中西合璧的建筑群，亦或者是融合了西方建筑元素的某栋建筑以及民国时期按照现代主义风建造的建筑物。

而从时间角度来看，由于中国历史从1840年第一次鸦片战争开始就进入了近代历史到1949年进入现代历史。因此在这个时间段建造的建筑也可以看做是近代建筑。但是需要说明的是，我们从建筑的角度，一般不是这样分类。即使在这个阶段建造，但完全按照传统形式、工艺和材料建造的建筑一般还是定义为古建筑。

近代建筑如果按照形式分类大体上可以分为四大类。西洋古典建筑形式，也就是完全按照西方古典建筑风格营造。如北京的南堂、东堂、北堂都是这样的代表。西洋折衷（折中）主义建筑形式，也就是两种或者两种以上西方古典主义相结合的一种建筑风格。如民国时期的北京国会旧址就是这种风格的建筑。中西合璧式建筑形式，也就是融合了中国建筑风格的。这里面又可以分为以中国传统建筑为外形，以西方建筑为结构的形式，也通常成为大屋顶形式。如前面提到的协和医院、辅仁大学、燕京大学、基督教中华圣公会和基督教中华圣公会教堂，还有北京图书馆等建筑都属于这一类型。另一种就是以中国传统建筑为结构形式，以西洋古典建筑为装饰元素的建筑形式。这种建筑形式在很多四合院大门中比较常见。最后，近代建筑还有一种就是民国时期建造的现代主义风的建筑形式。

3. 近代建筑与传统建筑的碰撞与融合

从上面的历史发展情况和分类情况，我们可以看出，西方建筑的传入是从最初的少量建造、发展壮大到融合几个阶段的。这也反映了西方建筑与中国传统建筑碰撞与融合的过程。

在清初西方建筑进入中国以后，最高层统治者和一般民众是不认可西方建筑形式的教堂建造在城里的，因此最初的教堂都是中国传统形式的建筑，规模也比较小。而乾隆时期开始建造西洋式建筑也只是在皇家园林内，当做一种观赏物，而不是实用和居住的建筑物，是当做景观建造。

1840年后，由于国门进一步打开，大量外国使领馆和相继而来的工商业涌入，居住、办公、经营等实用功能的西洋建筑的大量涌现。从最高层到民众开始接受西方古典建筑形式。一部分人因为西方的坚船利炮和发达的工商业甚至开始崇拜西方建筑形式，随即出现了一部分中国的政府机构、工商业场所和学校模仿西方建筑的建造。但中国传统形式仍然是主流。

进入19世纪末20世纪初，随着列强在华势力的不断扩张和中国本土洋务运动的深入开展，西洋建筑进一步成为了一种风尚。进入民国以后，这种影响延伸到了中产阶层。

而与此同时，中国一些有识之士开始思考中国本土建筑的发展与未来，开始致力于中国建筑与西洋建筑的融合。以梁思成、刘敦桢、杨廷宝、童寯（建筑四杰）为代表的一批建筑师要么从事中国传统建筑的研究，要么在从事的建筑设计中将中国和西方的建筑有机的融为一体，用各种方式致力于中国建筑的发展。梁思成、刘敦桢还加入了由朱启钤先生组建的营造学社和清华大学调查和探寻中国建筑的营造技艺，并开办建筑系培育建筑人才。他们的努力有力地唤醒了更多国人的民族自觉意识。同时，也推动了中国建筑和西方建筑的交融与发展。

也有一些西方的建筑师，如墨菲、格林森等也开始注意到要想打动中国人民，要想让西方建筑更能在中国大地上更好的发展，与中国建筑的融合是必不可少的。因此他们在自己的建筑设计中也开始将中国建筑与西方建筑相融合，创造出了燕京大学建筑群、辅仁大学、协和医学院等一批著名的"中国传统复兴式建筑"。

4. 北京近代建筑的保护修缮

近代建筑作为一种特殊的建筑遗产，是近代社会发展的有力见证物。因此，要使用正确的方式好好保护。作为文物保护的手段是多种多样的，而对于近代建筑则是要根据其不同建筑的特性采取不同的方式进行保护。从上文我们可以看出，近代建筑是有不同建筑风格和不同建筑材料的。因此，保护近代建筑的第一步是分清不同历史时期和不同建筑风格、建筑材质从而有针对性的采取相应适合保护理念是最为重要的。其次是根据适合的保护理念采取相应的技术手段。由于近代建筑既有与中国古代建筑相同和相似的结构构件，如木柱子、彩画、斗拱等，也有与中国建筑不同的西方建筑构件和装饰物，因此近代建筑的保护修缮的难度更大，需要的流程和步骤也更加复杂。引入一些新的保护手段是必不可少的，如化学保护方式、碳纤维加固方式等。本书后面的内容就是用实例来阐释近代建筑预防性保护的理念和技术手段。并希望用这种方式与广大同仁们进行沟通和交流，也做一个抛砖引玉之述。

第一章 宣武门教堂结构安全检测

1. 建筑概况

1.1 建筑概况

宣武门教堂（南堂），位于西城区前门西大街 141 号，约建于清光绪三十年（1904年）。总长为 60.6 米，总宽为 25.9 米，建筑面积约为 1569 平方米。本建筑为地上一层砖木结构，砖墙承重，三角木屋架，南端为局部二层，北端钟楼为局部三层，中间屋脊高度为 20 米，北侧钟楼顶部高度为 31.2 米，最南端墙体顶部高度为 32.2 米。

由于本结构外观出现了较多缺陷及损伤，为了解主体结构的性能，北京市天主教爱国会委托国家建筑工程质量监督检验中心对该结构进行检测鉴定。

1.2 现状立面照片

宣武门教堂西立面

6

宣武门教堂南立面

宣武门教堂北立面

1.3 建筑测绘图纸

结构一层平面测绘图

结构二层平面测绘图

9

梁架平面布置示意图

结构 1-1 剖面测绘图

结构 2—2 剖面测绘图

结构 3—3 剖面测绘图

2. 检测鉴定依据与内容

2.1 检测鉴定依据

（1）业主单位及委托单位提供的技术资料；

（2）《建筑结构检测技术标准》（GB/T 50344-2004）；

（3）《房屋结构综合安全性鉴定标准》（DB 11/637-2015）；

（4）《砌体工程现场检测技术标准》（GB/T 50315-2011）；

（5）《建筑抗震鉴定标准》（GB 50023-2009）；

（6）《建筑结构荷载规范》（GB 50009-2012）；

（7）《建筑抗震设计规范》（GB 50011-2010）；

（8）《砌体结构设计规范》（GB 50003-2011）等。

2.2 检测鉴定内容

（1）结构外观质量检查；

（2）构件截面尺寸检测；

（3）砌体砖、砂浆强度检测；

（4）结构综合安全性鉴定；

（5）工程处理建议。

3. 仪器设备类型

设备编号	设备名称	设备用途
DL008（DL-56-6）	钢卷尺	检测距离、构件尺寸
1611028（DL-64-5）	贯入式砂浆强度检测仪	检测砂浆强度
3580（DL-59-8）	砖回弹仪	检测砖强度
1200305（DL-66）	经纬仪	检测构件变形
DL006（DL-82）	水准标尺	检测构件变形
SHZD-40XK-01（DL-68）	读数显微镜	检测裂缝宽度

4. 结构体系、构造措施检测

经检查，该结构为地上一层砖木结构，砖墙承重，木屋架，筒瓦坡屋面，屋脊标高为 19.98 米。其中，南端为局部 2 层，最南端墙顶标高为 32.2 米；北端钟楼为局部三层，钟楼一、二层顶均为木楼板，钟楼顶部标高为 31.2 米。

本结构承重墙体由青砖和白灰砂浆砌筑而成，房屋内设有方形砖柱承重。本结构木屋架为三角形木桁架，包括三跨，中间跨度为 9460 毫米，两侧跨度为 5555 毫米，屋架节点为榫卯结构，屋架上弦及腹杆采用方木，屋架下弦采用圆木。中间跨和两端跨之间为 Φ540 木柱，木柱在标高 10.50 米处以下为 980 毫米 ×980 毫米砖柱。为便于现场检测，将典型木屋架的构件进行编号如下图所示。

典型木屋架构件布置示意图

在本结构 14-E 轴处墙体外侧进行坑探，检查墙体基础构造，经测量，该处砖墙埋深约 1 米，砖墙下方为灰土基础，灰土基础厚度为 1.4 米，现场坑探照片和基础剖面示意图见下图。

现场坑探照片

14-E 轴墙体基础布置示意图

5. 结构外观质量检测

对该房屋具备检查条件的构件进行了检查检测，主要检查结论如下：

（1）经现场检查，木梁架存在的主要缺陷情况有：

1）部分梁檩等构件存在开裂；

2）部分木柱存在竖向开裂；

3）个别腹杆出现明显松动脱开等。木梁架详细缺陷见下表。

木梁架主要缺陷统计表

序号	缺陷类型	轴线位置	缺陷描述
1	木梁开裂	2 轴梁架	D-J 轴枵梁水平开裂，w_{max}=25 毫米，深约 200 毫米，长约 4 米
2	木梁开裂	同上	B-D 轴枵梁通长开裂，w_{max}=20 毫米，深约 150 毫米
3	木梁开裂	同上	J-L 轴枵梁通长开裂，w_{max}=15 毫米，深约 150 毫米
4	木柱开裂	同上	J 轴柱顶开裂，w_{max}=10 毫米，深约 100 毫米
5	木柱开裂	同上	D 轴柱顶开裂，w_{max}=25 毫米，深约 200 毫米
6	拔榫	同上	南侧脊檩拔榫 2 厘米
7	檩条开裂	4 轴梁架	南侧 1 号、10 号、15 号檩条通长开裂，w_{max}=5 毫米，深约 100 毫米
8	腹杆开裂	同上	13 号腹杆开裂，w_{max}=10 毫米，深约 100 毫米
9	木柱开裂	同上	1/F 轴立柱竖向通长开裂，w_{max}=8 毫米，深约 50 毫米
10	木梁开裂	同上	D-J 轴枵梁水平开裂，w_{max}=10 毫米，深约 50 毫米，长约 3 米
11	木梁开裂	同上	B-D 轴枵梁梁底通长开裂，w_{max}=10 毫米，深约 50 毫米
12	木梁开裂	同上	J-L 轴枵梁梁侧通长开裂，w_{max}=10 毫米，深约 50 毫米
13	木柱开裂	同上	D 轴柱顶开裂，w_{max}=25 毫米，深约 240 毫米
14	木柱开裂	同上	J 轴柱顶开裂，w_{max}=28 毫米，深约 250 毫米
15	木梁开裂	5 轴梁架	1/F-J 轴上弦斜撑局部开裂，w_{max}=5 毫米，深约 100 毫米
16	檩条开裂	同上	9 号、14 号檩条通长开裂，w_{max}=10 毫米，深约 50 毫米
17	木梁开裂	同上	D-J 轴枵梁端部开裂，w_{max}=20 毫米，深约 150 毫米，长约 3 米
18	木柱开裂	同上	J 轴柱顶开裂，w_{max}=20 毫米，深约 200 毫米
19	木梁开裂	同上	J-L 轴枵梁梁侧通长开裂，w_{max}=10 毫米，深约 50 毫米
20	木梁开裂	同上	B-D 轴枵梁梁侧通长开裂，w_{max}=15 毫米，深约 100 毫米
21	木柱开裂	6 轴梁架	1/F 轴立柱竖向通长开裂，w_{max}=12 毫米，深约 100 毫米
22	木梁开裂	同上	D-J 轴枵梁东端开裂，w_{max}=25 毫米，深约 150 毫米

续表

序号	缺陷类型	轴线位置	缺陷描述
23	檩条开裂	同上	7 号檩条通长开裂，w_{max}=5 毫米，深约 100 毫米
24	木梁开裂	同上	D-J 轴柁梁西侧端部开裂，w_{max}=6 毫米，深约 150 毫米
25	木梁开裂	同上	B-D 轴柁梁梁底通长开裂，w_{max}=20 毫米，深约 80 毫米
26	木梁开裂	同上	J-L 轴柁梁梁侧通长开裂，w_{max}=15 毫米，深约 100 毫米
27	檩条开裂	7 轴梁架	8 号檩条通长开裂，w_{max}=12 毫米，深约 100 毫米
28	木梁开裂	同上	1/F-J 上弦斜撑通长开裂，w_{max}=4 毫米，深约 50 毫米
29	节点松动	同上	8 号、10 号腹杆出现明显松动，已呈不受力状态
30	木梁开裂	同上	J-L 轴柁梁梁底通长开裂，w_{max}=25 毫米，深约 100 毫米
31	木梁开裂	同上	B-D 轴柁梁梁侧通长斜向开裂，w_{max}=20 毫米，深约 150 毫米
32	木柱开裂	同上	D 轴柱顶开裂，w_{max}=20 毫米，深约 150 毫米
33	木柱开裂	同上	J 轴柱顶开裂，w_{max}=20 毫米，深约 100 毫米
34	木柱开裂	8 轴梁架	1/F 轴立柱竖向通长开裂，w_{max}=3 毫米，深约 50 毫米
35	木梁开裂	同上	D-1/F 轴上弦斜撑通长开裂，w_{max}=12 毫米，深约 100 毫米
36	木梁开裂	同上	1/F-J 轴上弦斜撑通长开裂，w_{max}=5 毫米，深约 70 毫米
37	节点松动	同上	8 号腹杆出现明显松动，已呈不受力状态
38	木梁开裂	同上	D-J 轴柁梁通长开裂，w_{max}=20 毫米，深约 100 毫米
39	木梁开裂	同上	J-L 轴柁梁通长开裂，w_{max}=15 毫米，深约 50 毫米
40	木梁开裂	同上	B-D 轴柁梁梁侧通长斜向开裂，w_{max}=15 毫米，深约 100 毫米
41	木柱开裂	同上	D 轴柱顶开裂，w_{max}=8 毫米，深约 100 毫米
42	木柱开裂	同上	J 轴柱顶开裂，w_{max}=6 毫米，深约 50 毫米
43	檩条开裂	9 轴梁架	9 号、10 号檩条通长开裂，w_{max}=4 毫米
44	木梁开裂	同上	D-1/F 轴上弦斜撑通长开裂，w_{max}=9 毫米，深约 100 毫米
45	节点松动	同上	8 号腹杆出现拔榫松动
46	木梁开裂	同上	D-J 轴柁梁开裂严重，已采取灌浆粘碳加固措施
47	腹杆开裂	同上	4 号腹杆出现通长开裂，w_{max}=10 毫米，深约 30 毫米
48	木梁开裂	同上	B-D 轴柁梁通长水平开裂，w_{max}=20 毫米，深约 80 毫米
49	木梁开裂	10 轴梁架	D-J 轴柁梁上部开裂，w_{max}=9 毫米，深约 100 毫米
50	木柱开裂	同上	1/F 轴立柱竖向通长开裂，w_{max}=5 毫米，深约 50 毫米
51	木柱开裂	12 轴梁架	1/F 轴立柱竖向通长开裂，w_{max}=10 毫米，深约 50 毫米
52	木梁开裂	钟楼二层顶	13-14-2/E 轴梁下通长开裂，w_{max}=15 毫米，深约 150 毫米
53	木梁开裂	钟楼三层顶	13-14-2/E 轴梁下通长斜向开裂，w_{max}=6 毫米，深约 50 毫米

（2）中柱缺陷情况：

现场通过剔凿砖围套检查柱根区域木柱的残损情况，为安全考虑，仅在柱一侧的局部区域进行剔凿，由于木柱各侧的腐朽范围和深度不尽相同，建议在修缮施工时再进行全面检查。

经剔凿检查，绝大部分木柱柱根区域存在明显腐朽情况，腐朽高度存在区别，部分木柱腐朽高度已超过110厘米。木柱材质检查情况详见下表。

木柱主要缺陷统计表

序号	轴线号	现场剔凿范围（距地面高度，厘米）	木柱腐朽情况
1	J-2 轴柱（东侧）	10厘米～110厘米	剔凿范围内全部明显腐朽，最大腐朽深度>7厘米
2	J-4 轴柱（北侧）	44厘米～62厘米	剔凿范围内全部明显腐朽，最大腐朽深度>5厘米
3	J-5 轴柱（东侧）	60厘米～100厘米	剔凿范围内全部明显腐朽，最大腐朽深度>5厘米
4	J-6 轴柱（北侧）	30厘米～60厘米	剔凿范围内上半部分基本正常，下半部分明显腐朽，最大腐朽深度>5厘米
5	J-7 轴柱（东侧）	45厘米～70厘米	剔凿范围内未见明显腐朽
6	J-8 轴柱（东侧）	70厘米～85厘米	剔凿范围内全部明显腐朽，最大腐朽深度>6厘米
7	J-9 轴柱（南侧）	45厘米～60厘米	剔凿范围内全部明显腐朽，最大腐朽深度>3厘米
8	D-2 轴柱（东侧）	45厘米～60厘米	剔凿范围内全部明显腐朽，最大腐朽深度>6厘米
9	D-4 轴柱（东侧）	0～25厘米	剔凿范围内上半部分轻微腐朽，下半部分明显腐朽，最大腐朽深度>3厘米
10	D-5 轴柱（西侧）	90厘米～105厘米	剔凿范围内未见明显腐朽
11	D-6 轴柱（北侧）	18厘米～28厘米	剔凿范围内全部明显腐朽，最大腐朽深度>4厘米
12	D-7 轴柱（西侧）	95厘米～110厘米	剔凿范围内全部明显腐朽，最大腐朽深度>3厘米
13	D-8 轴柱（西侧）	0～20厘米	剔凿范围内全部明显腐朽，最大腐朽深度>10厘米
14	D-9 轴柱（西侧）	65厘米～80厘米	剔凿范围内全部明显腐朽，最大腐朽深度>3厘米

（3）经现场检查，墙体存在的主要缺陷情况有：

1）砖墙多处存在竖向开裂，部分裂缝存在发展迹象；

2）局部墙体砖面出现风化、个别砖墙生有杂草。墙体详细缺陷见下表。

墙体主要缺陷统计表

序号	缺陷类别	轴线位置	缺陷描述
1	墙体开裂	D-12-1/12 轴墙	墙体转角处竖向明显开裂，从木柁梁下贯通至一层门洞上，w_{max}=35 毫米，二层墙体室外裂缝存在发展迹象，二层墙体下侧裂缝宽度比上次修补后加宽 3 毫米
2	墙体开裂	J-1/12-13 轴墙	墙体转角处竖向明显开裂，从木柁梁下贯通至门洞上，w_{max}=10 毫米，二层室外裂缝存在发展迹象，二层下侧裂缝宽度比上次修补后加宽 2 毫米
3	墙体开裂	J-12-1/12 轴墙	墙体转角处竖向明显开裂，梁下贯通至门洞上，w_{max}=10 毫米，二层下侧裂缝宽度为 2 毫米
4	墙体开裂	9-10-M 轴墙	一层墙体存在轻微开裂
5	墙体开裂	A-1/12 轴墙	一层顶女儿墙转角处开裂
6	墙体开裂	D-1/12 轴墙	二层顶女儿墙转角处开裂
7	墙体开裂	J-1/12 轴墙	二层顶女儿墙转角处开裂
8	砖风化	13-14-K 轴墙	结构北端墙体砖面多处风化
9	墙上杂草	9-M 轴墙	墙垛上方生有杂草

（4）经现场检查，楼屋盖存在的主要缺陷情况有：

1）局部屋顶出现渗漏痕迹；

2）屋顶防水层多处出现脱开；

3）屋顶上部生有杂草。屋面详细缺陷见下表。

楼屋盖主要缺陷统计表

序号	缺陷类别	轴线位置	缺陷描述
1	渗漏	J-L-11-1/12 轴	一层顶棚开裂渗漏
2	渗漏	B-D-11-1/12 轴	一层顶棚开裂渗漏
3	渗漏	8-9-B-D 轴	二层顶渗漏痕迹
4	渗漏	J-L-4-5 轴	二层顶渗漏痕迹
5	渗漏	1-2-B-D 轴	二层顶渗漏痕迹
6	瓦面灰缝脱落	屋顶	屋顶瓦面灰缝多处存在脱落
7	防水层脱开	屋顶	屋顶天沟防水层多处脱开
8	屋顶杂草	屋顶	屋顶多处杂草丛生

2 轴梁架 D-J 轴柁梁水平开裂

2 轴梁架 B-D 轴柁梁通长开裂

2 轴梁架 J-L 轴柁梁通长开裂

2 轴梁架 J 轴柱顶开裂

2 轴梁架 D 轴柱顶开裂

2 轴梁架南侧脊檩拔榫

4 轴梁架南檩条开裂

4 轴梁架 13 号腹杆开裂

4 轴梁架 1/F 轴立柱竖向通长开裂

4 轴梁架 D-J 轴柁梁水平开裂

第一章　宣武门教堂结构安全检测

4 轴梁架 B-D 轴柁梁梁底通长开裂

4 轴梁架 J-L 轴柁梁梁侧通长开裂

4 轴梁架 D 轴柱顶开裂

4 轴梁架 J 轴柱顶开裂

5 轴梁架 1/F-J 轴上弦斜撑局部开裂

5 轴梁架南檩条开裂

5 轴梁架 D-J 轴柁梁端部开裂

5 轴梁架 J 轴柱顶开裂

5 轴梁架 J-L 轴柁梁梁侧通长开裂

5 轴梁架 B-D 轴柁梁梁侧通长开裂

6 轴梁架 1/F 轴立柱竖向通长开裂

6 轴梁架 D-J 轴柁梁东端开裂

6 轴梁架 7 号檩条通长开裂

6 轴梁架 D-J 轴柁梁西侧端部开裂

6 轴梁架 B-D 轴柁梁梁底通长开裂

6 轴梁架 J-L 轴柁梁梁侧通长开裂

7 轴梁架南 8 号檩条开裂

7 轴梁架 1/F-J 上弦斜撑通长开裂

7 轴梁架 J-L 轴柁梁梁底通长开裂

7 轴梁架 B-D 轴柁梁梁侧通长斜向开裂

7 轴梁架 D 轴柱顶开裂

7 轴梁架 J 轴柱顶开裂

8 轴梁架 1/F 轴立柱竖向通长开裂

8 轴梁架 D-1/F 轴上弦斜撑通长开裂

8 轴梁架 1/F-J 轴上弦斜撑通长开裂

8 轴梁架 D-J 轴柁梁通长开裂

8 轴梁架 J−L 轴柁梁通长开裂

8 轴梁架 B−D 轴柁梁梁侧通长斜向开裂

8 轴梁架 D 轴柱顶开裂

8 轴梁架 J 轴柱顶开裂

9 轴梁架南檩条开裂

9 轴梁架 D-1/F 轴上弦斜撑通长开裂

9 轴梁架 D-J 轴柁梁开裂严重，已加固

9 轴梁架 4 号腹杆出现通长开裂

9 轴梁架 B-D 轴柁梁通长水平开裂

10 轴梁架 D-J 轴柁梁上部开裂

10 轴梁架 1/F 轴立柱竖向通长开裂

12 轴梁架 1/F 轴立柱竖向通长开裂

钟楼二层 13-14-2/E 轴梁下通长开裂

钟楼三层 13-14-2/E 轴梁下通长斜向开裂

J-2 轴柱（东侧）剔凿范围内腐朽情况 1

J-2 轴柱（东侧）剔凿范围内腐朽情况 2

J-4 轴柱（北侧）剔凿范围内腐朽情况 1

J-4 轴柱（北侧）剔凿范围内腐朽情况 2

J-5 轴柱（东侧）剔凿范围内腐朽情况 1

J-5 轴柱（东侧）剔凿范围内腐朽情况 2

J-6 轴柱(北侧)剔凿范围内腐朽情况 1

J-6 轴柱(北侧)剔凿范围内腐朽情况 2

J-7 轴柱（东侧）剔凿范围内腐朽情况 1

J-7 轴柱（东侧）剔凿范围内腐朽情况 2

J-8 轴柱（东侧）剔凿范围内腐朽情况 1

J-8 轴柱（东侧）剔凿范围内腐朽情况 2

J-9 轴柱（南侧）剔凿范围内腐朽情况 1

J-9 轴柱（南侧）剔凿范围内腐朽情况 2

D-2轴柱（东侧）剔凿范围内腐朽情况1

D-2轴柱（东侧）剔凿范围内腐朽情况2

D-4 轴柱（东侧）剔凿范围内腐朽情况 1

D-4 轴柱（东侧）剔凿范围内腐朽情况 2

D-5轴柱（西侧）剔凿范围内腐朽情况1

D-5轴柱（西侧）剔凿范围内腐朽情况2

D-6 轴柱（北侧）剔凿范围内腐朽情况 1

D-6 轴柱（北侧）剔凿范围内腐朽情况 2

D-7 轴柱（西侧）剔凿范围内腐朽情况 1

D-7 轴柱（西侧）剔凿范围内腐朽情况 2

D-8 轴柱（西侧）剔凿范围内腐朽情况 1

D-8 轴柱（西侧）剔凿范围内腐朽情况 2

D-9 轴柱（西侧）剔凿范围内腐朽情况 1

D-9 轴柱（西侧）剔凿范围内腐朽情况 2

一层 D-12-1/12 轴墙裂缝

二层 D-12-1/12 轴墙裂缝

二层 D-12-1/12 轴墙裂缝

一层 J-1/12-13 轴墙裂缝

二层 J-1/12-13 轴墙裂缝

一层 J-12-1/12 轴墙裂缝

二层 J-12-1/12 轴墙裂缝

二层 J-12-1/12 轴墙裂缝

一层顶 A-1/12 轴女儿墙裂缝

二层顶 D-1/12 轴女儿墙裂缝

二层顶 J-1/12 轴女儿墙裂缝

一层 13-14-K 轴墙体砖面风化

一层 J-L-11-1/12 轴顶棚开裂渗漏

一层 B-D-11-1/12 轴顶棚开裂渗漏

二层 8-9-B-D 轴顶渗漏痕迹

二层 J-L-4-5 轴顶渗漏痕迹

二层 1-2-B-D 轴顶渗漏痕迹

屋顶瓦面灰缝脱落

屋顶天沟防水层多处脱开

屋顶多处杂草丛生

6. 砌体砖墙强度检测结果

（1）对砌体砖墙，采用回弹法检测墙砖的抗压强度。

根据 GB/T 50315—2011，推定墙砖的强度等级均为 MU7.5，统计结果见下表。

墙砖强度回弹检测表

区域	平均值（兆帕）	标准差（兆帕）	变异系数	标准值（兆帕）	最小值（兆帕）	推定等级
一层	8.2	0.68	0.08	7.0	7.7	MU7.5

各区砖墙的砖强度具体数据见下表，其中换算值单位为兆帕。

墙砖强度具体检测表

轴线位置	项目	1	2	3	4	5	6	7	8	9	10	平均值
4-M 轴墙	回弹值	34.8	36.8	33.2	36.0	31.8	33.6	33.4	30.4	38.4	37.4	/
	换算值	9.8	11.8	8.4	11.0	7.2	8.7	8.5	6.1	13.5	12.4	9.7
6-M 轴墙	回弹值	35.2	34.8	34.0	32.4	33.4	33.8	31.8	30.8	31.4	28.8	/
	换算值	10.2	9.8	9.1	7.7	8.5	8.9	7.2	6.4	6.8	4.9	7.9
8-M 轴墙	回弹值	32.2	36.6	33.0	29.6	30.6	32.8	28.0	29.0	35.0	35.8	/
	换算值	7.5	11.6	8.2	5.5	6.2	8.0	4.3	5.0	10.0	10.8	7.7
10-J-M 轴墙	回弹值	34.8	30.4	32.6	32.2	31.8	33.6	32.8	29.8	35.6	29.6	/
	换算值	9.8	6.1	7.8	7.5	7.2	8.7	8.0	5.6	10.6	5.5	7.7
4-A 轴墙	回弹值	30.8	29.4	28.6	33.6	32.8	34.4	34.6	33.4	33.8	32.2	/
	换算值	6.4	5.3	4.7	8.7	8.0	9.4	9.6	8.5	8.9	7.5	7.7
5-A 轴墙	回弹值	26.8	29.6	36.2	34.6	32.6	35.8	35.0	30.0	33.4	34.8	/
	换算值	3.6	5.5	11.2	9.6	7.8	10.8	10.0	5.8	8.5	9.8	8.3
7-A 轴墙	回弹值	32.2	29.0	32.6	33.0	32.2	34.8	33.8	35.0	33.2	33.2	/
	换算值	7.5	5.0	7.8	8.2	7.5	9.8	8.9	10.0	8.4	8.4	8.1
9-A 轴墙	回弹值	31.2	34.4	33.6	34.4	36.4	30.8	32.4	35.0	32.4	32.2	/
	换算值	6.7	9.4	8.7	9.4	11.4	6.4	7.7	10.0	7.7	7.5	8.5

（2）砂浆强度检测

依据《贯入法检测砌筑砂浆抗压强度技术规程》（JGJ/T 136—2017），采用贯入法对该结构砌体墙砌筑砂浆抗压强度进行检测并进行强度评定。检测结果见下表。

检测结果表明：所抽检砌体墙砌筑砂浆抗压强度值为0.70兆帕～1.00兆帕，推定值为0.8兆帕。

砌筑砂浆强度检测表

楼层	轴线编号	砂浆测区强度值（兆帕）	检测结果统计值（兆帕）
1	4-M	1.00	平均值：0.8 最小值：0.7 0.91×平均值：0.8 1.18×最小值：0.8 变异系数：0.16
	6-M	0.80	
	8-M	0.80	
	10-J-M	1.00	
	4-A	0.70	
	5-A	0.70	
	7-A	0.90	
	9-A	0.70	

7. 墙体下部高差检测

现场对墙体最下部条石上表面的相对高差进行了测量，测点位置比室外地面高约600毫米，其中1轴的3个测点，测量位置为地面。各点的测量结果见下图。

测量结果表明，各测点存在明显的相对高差，其中7-M轴处墙体相对位置最高，14-1/E轴处相对位置最低，相对高差为205毫米，且存在从结构中间到南北两侧逐渐下沉的趋势，其中14轴墙体在中间部位下沉程度最为严重。分析各墙体相对高差的产生原因主要为地基的不均匀沉降，由于北侧设有钟楼，钟楼为三层结构，墙体布置相对更密集，产生自重较大，导致了地基沉降程度也较大。

8. 墙体倾斜检测

现场测量部分墙体的倾斜程度，测量结果见下图，墙边的数据表示墙底部 3 米的高度范围内上端和下端的相对垂直偏差，箭头的方向表示墙体上部偏移的方向。

一层墙体倾斜检测图

三层墙体倾斜检测图

二层墙体倾斜检测图

1 轴墙体顶部倾斜检测图

依据《房屋结构综合安全性鉴定标准》（DB 11/637—2015）第 6.3.4 条规定，砌体结构单层建筑墙体顶点位移限值为 H/250（测量高度为 3000 毫米时，允许值为 12 毫米）。

根据测量结果，一层的 A、M 轴墙体（除 3-M、9-M、10-M 轴墙外）基本向内侧倾斜，此为古建筑的常见砌筑做法，墙体处于稳定状态。但一层及二层的 14 轴墙体均明显向外侧倾斜，与砌筑初期不符，且倾斜程度明显超过规范限值要求。倾斜超限的主要墙体检测结果见下表。

砌体墙倾斜检测表

序号	轴线位置	倾斜方向	测斜高度（米）	偏差值（毫米）	规范限值（毫米）	结论
1	一层 14-C-D 轴墙	北（外侧）	3	40	12	偏大
2	一层 14-D-E 轴墙	北（外侧）	3	55	12	偏大
3	一层 14-E-H 轴墙	北（外侧）	3	55	12	偏大
4	一层 14-H-J 轴墙	北（外侧）	3	37	12	偏大
5	一层 14-J-K 轴墙	北（外侧）	3	39	12	偏大
6	一层 13-14-C 轴墙	东（外侧）	3	20	12	偏大
7	一层 1/12-13-D-E 轴墙	东（外侧）	3	24	12	偏大
8	一层 9-M 轴墙	西（外侧）	3	19	12	偏大
9	一层 10-M 轴墙	西（外侧）	3	32	12	偏大
10	一层 1/12-M 轴墙	西（外侧）	3	19	12	偏大
11	一层 13-K 轴墙	西（外侧）	3	54	12	偏大
12	一层 13-14-K 轴墙	西（外侧）	3	38	12	偏大
13	二层 14-E-H 轴墙	西（外侧）	3	37	12	偏大
14	二层 1/12-13-D-E 轴墙	东（外侧）	3	29	12	偏大
15	二层 12-1/12-D	东（外侧）	3	30	12	偏大
16	二层 1/12-13-H-J 轴墙	西（外侧）	3	16	12	偏大
17	二层 13-E-H 轴墙	北（外侧）	3	29	12	偏大
18	三层 13-E-H 轴墙	北（外侧）	3	35	12	偏大
19	三层 14-E-H 轴墙	北（外侧）	3	20	12	偏大
20	三层 13-14-H 轴墙	西（外侧）	3	18	12	偏大

9. 结构安全鉴定

依据现行《房屋结构综合安全性鉴定标准》（DB11/637—2015），对现使用功能下的结构安全性进行鉴定，给出安全性的综合鉴定评级。材料强度、结构平面布置、荷载取值、计算参数等依据检测结果及现行规范。

9.1 计算模型及参数确定

依据现场检测结果，采用 PKPM 软件（PKPM2010 版，编制单位：中国建筑科学研究院 PKPM CAD 工程部），建立结构计算模型，主要参数如下：

（1）砖强度等级：MU7.5；砂浆强度：0.8 兆帕。

（2）屋面荷载按实际情况并参照规范进行取值，具体取值见下表。结构计算模型示意图见下图。

屋面荷载标准值取值

类别	建筑用途	标准值（千牛／平方米）
恒载	木楼面	2.0
	瓦屋面	4.0
活载	楼面	2.0
	非上人屋面	0.5
风荷载	地面粗糙度类别：C 类，基本风压：0.45 千牛／平方米	

结构计算模型示意图

9.2 安全性鉴定

地基基础安全性

经现场检测，墙体存在明显沉降裂缝及变形，根据《房屋结构综合安全性鉴定标准》（DB11/637—2015）第 5.3.1 条、第 5.3.2 条、第 5.3.3 条，本结构地基基础安全性等级按上部结构反应的检查结果评为 D_u 级。

上部结构安全性

（1）砌体承重墙

1）承载能力：砌体墙受压验算结果见下图，一层 D、E、H、J 轴处砌体墙承载力 $R/\gamma S<0.90$，一层 1 轴处砌体墙承载力 $R/\gamma S<0.95$，二层 D、J 轴处砌体墙承载力 $R/\gamma S<0.90$。根据《房屋结构综合安全性鉴定标准》（DB11/637—2015）第 6.3.2 条、第 3.4.5 条及第 3.4.8 条，砌体墙的承载能力项评定为 D_u 级。

2）构造和连接项目：经检查，原结构砌体墙的高厚比符合国家现行设计规范的要求，连接及砌筑方式正确，未发现因构造措施不当导致的连接部位开裂、变形等。根据《房屋结构综合安全性鉴定标准》（DB11/637—2015）第 6.3.3 条，砌体墙的构造和连接项评定为 A_u 级。

3）变形与损伤：经检测，部分砌体墙存在明显开裂和变形，根据《房屋结构综合安全性鉴定标准》（DB11/637—2015）第 6.3.4 条，砌体墙的变形与损伤项评定为 D_u 级。

根据《房屋结构综合安全性鉴定标准》（DB11/637—2015）第 6.3.1 条、第 3.4.5 条及第 3.4.8 条，砌体墙的安全性等级评为 D_u 级。

（2）砌体承重柱

1）承载能力：经计算，砌体柱受压验算结果见下图，全部砌体柱承载力 $R/\gamma S<0.90$，根据《房屋结构综合安全性鉴定标准》（DB11/637—2015）第 6.3.2 条、第 3.4.5 条及第 3.4.8 条，砌体柱的承载能力项评定为 D_u 级。

2）变形与损伤：经现场检查，未发现柱存在明显倾斜及裂缝，根据《房屋结构综合安全性鉴定标准》（DB11/637—2015）第 7.3.4 条，其变形与损伤项评定为 A_u 级。

根据《房屋结构综合安全性鉴定标准》（DB11/637—2015）第 7.3.1 条及第 3.4.5 条，柱的安全性等级评为 D_u 级。

一层受压承载力计算结果图

二层受压承载力计算结果图

（3）木梁架

经现场检查，木梁架较多木构件存在明显开裂，部分木构件开裂程度超过规范限值，根据《房屋结构综合安全性鉴定标准》（DB11/637—2015）第9.3.1条及第3.4.5条，木梁架的安全性等级评为 D_u 级。

（4）上部承重结构整体性经现场检查，该房屋原为地上一层砖木结构，局部二到三层，布置基本合理，形成完整的体系，结构传力路线基本正确，根据《房屋结构综合安全性鉴定标准》（DB11/637—2015）第3.4.4条，该房屋结构整体性等级评为 B_u 级。

（5）上部承重结构安全性评级

事件根据《房屋结构综合安全性鉴定标准》（DB11/637—2015）第3.4.2条，上部承重结构的安全性等级评为 D_u 级。

鉴定单元安全性评级

综合地基基础与上部承重结构的安全性评级，根据《房屋结构综合安全性鉴定标准》（DB11/637—2015）第3.4节，评定该房屋的安全性等级为 D_{su} 级，安全性极不符合国家现行标准规范的安全性要求，已严重影响整体安全性能。

10. 结构抗震鉴定

根据《房屋结构综合安全性鉴定标准》（DB11/637—2015），对现使用功能下的结构抗震能力进行鉴定，给出鉴定单元抗震能力的综合鉴定评级。

10.1 地基基础抗震能力鉴定

本房屋建筑所在场地为建筑抗震一般地段，但存在静载缺陷，根据《房屋结构综合安全性鉴定标准》（DB11/637—2015）第5.4.5条，地基基础抗震能力等级评为 D_e 级。

10.2 上部结构抗震能力鉴定

抗震措施鉴定

本结构为砌体承重的单层空旷房屋，抗震设防分类为丙类建筑，抗震设防烈度为8度（设计基本地震加速度值为0.20g）。根据《建筑抗震鉴定标准》（GB 50023—2009）对该结构的抗震构造措施进行鉴定。本结构建于上世纪10年代，按后续使用年限30

年考虑，确定本建筑为 A 类建筑；根据国家标准《建筑抗震设防分类标准》确定本建筑抗震设防类别为丙类；本地区设防烈度为 8 度，按照 8 度的要求检查其抗震措施。检查结果如下表所示。结构不满足要求或超出规范限值的主要项目如下：

（1）墙体存在明显开裂，不满足标准要求。

（2）木屋盖构件存在严重开裂，不满足标准要求。

（3）墙体的砌筑砂浆强度等级小于 M2.5，不满足标准要求。

房屋抗震构造措施检查表

1. 基本信息			
墙体（材料）类别	烧结粘土实心砖	墙体厚度（毫米）	外墙 600 毫米～1300 毫米

2. 一般规定		
外观质量	承重柱、墙无酥碱、剥落、明显裂缝、露筋或损伤	■有　□无
	木屋盖构件无腐朽、严重开裂、歪斜或变形，节点无松动	■有　□无
	梁、柱及其节点混凝土仅有少量微小开裂或局部剥落，钢筋无露筋、锈蚀	□满足　□不满足 ■无此类构件

3. 上部主体结构

3.1 结构布置

项目	结果	8 度标准限值
承重山墙	■满足 □不满足	承重山墙厚度不应小于 240 毫米，开洞的水平截面面积不应超过山墙截面总面积的 50%。

3.2 实际材料强度等级

砖及砌筑砂浆强度等级	砖强度等级：MU7.5；砂浆强度推定值：0.8 兆帕	
	■满足 □不满足	砖强度等级不宜低于 MU7.5
	□满足 ■不满足	砌筑砂浆强度等级不宜低于 M2.5

3.3 整体性连接

屋架支撑长度	■基本满足 □不满足	屋架或大梁的支承长度不宜小于 240 毫米，8、9 度时尚应通过螺栓或焊接等与垫块连接；支承屋架（梁）的砖柱（墙垛）顶部应有混凝土垫块。
木屋盖的支撑布置	■基本满足 □不满足	满铺望板时，屋架支撑同非抗震要求。

抗震宏观控制

本结构主体为单层砌体结构，局部为二层到三层，砌体部分的房屋总层数、整体性构造基本符合现行国家标准《建筑抗震鉴定标准》（GB50023—2009）的要求，房屋构件实际材料强度不符合 GB50023—2009 的要求。根据《房屋结构综合安全性鉴定标准》（DB11/637—2015）第 6.4.6 条，本结构的抗震宏观控制等级评为 C_{e2}。

抗震承载力

根据《房屋结构综合安全性鉴定标准》（DB11/637—2015）第 6.4.3 条，综合抗震承载力按楼层综合抗震能力指数进行评价。各楼层综合抗震能力指数计算统计结果见下表，各楼层的墙段抗震能力指数计算结果见下图。图表中纵向为南北向，横向为东西向。

根据《房屋结构综合安全性鉴定标准》（DB11/637—2015）第 6.4.3 条、第 6.4.4 条，上部结构的综合抗震承载力评级为 D_{e1} 级。

楼层综合抗震能力指数计算结果表

方向	层号	A_i（平方米）	A_{bi}（平方米）	ξ_{0i}	λ	Ψ_1	Ψ_2	综合抗震能力指数 β_{ci}
横向	1层	48.77	1134.60	0.0415	1.5	1.0	1.0	0.69
纵向	1层	90.99	1134.60	0.0371	1.5	1.0	1.0	1.44
横向	2层	39.93	916.86	0.0415	1.5	1.0	1.0	0.70
纵向	2层	70.04	916.86	0.0374	1.5	1.0	1.0	1.36

10.3 鉴定单元抗震能力评级

综合地基基础与上部结构的抗震能力评级，根据《房屋结构综合安全性鉴定标准》（DB11/637—2015）第 3.5 节，评定该房屋的抗震能力等级为 D_{se} 级，抗震能力严重不符合现行国家现行标准规范的抗震能力要求，严重影响整体抗震性能，必须采取整体加固等措施。

11. 综合安全性鉴定评级

根据《房屋结构综合安全性鉴定标准》（DB11/637—2015）第 3.6 节，评定该房屋的综合安全性等级为 D_{eu} 级。

一层综合抗震能力计算结果图

二层综合抗震能力计算结果图

12.工程处理建议

木梁架部分

（1）建议对开裂的木柱及开裂程度相对较大的梁檩等构件进行加固修复处理，可采用先进行嵌补，再用铁箍箍紧的加固方式。如发现存在严重糟朽的木构件，可进行更换处理，并采取相应的防腐措施。

（2）建议对存在松动的腹杆进行加固修复处理，可采用铁件拉结的加固方式。

墙体部分

（1）建议对承载力不足及开裂的墙柱构件进行加固修复处理。墙体可采用面层和板墙加固等方式，对已开裂的墙体可先采用压力灌浆修补；砖柱可采用现浇钢筋混凝土套加固的方式；加固时建议综合考虑结构体系进行相应抗震加固处理。

（2）建议对存在风化的墙体表面进行修复处理，并采取相应的化学保护措施。

地基基础部分

由于北侧钟楼墙体存在明显的相对沉降和倾斜，且钟楼南侧多处墙体出现明显竖向开裂并在持续发展，推断地基存在不均匀沉降，建议对钟楼附近区域下方地基基础进行加固处理，并对地基基础的变形进行监测。

楼屋盖部分

（1）建议清除屋面上的杂草，并对瓦件表面进行勾抿修补。

（2）建议重做屋面两侧天沟处的防水，并对存在渗漏的屋面进行修复处理，对存在糟朽的檩椽望等构件进行修复或替换。

第二章 京报馆结构安全检测

1. 建筑概况

1.1 建筑概况

京报馆，位于北京市西城区骡马市大街魏染胡同 30 号，约建于 1913 年，建筑面积约 230 平方米，结构形式为砖混结构。地上两层，一至二层层高均为 4 米。平面形状为矩形。

1.2 现状立面照片

建筑西北侧外观照片

建筑南侧外观照片

建筑东侧外观照片

1.3 建筑测绘图纸

一层平面图

二层平面图

2. 检测鉴定依据与内容

2.1 检测鉴定依据

（1）《建筑结构检测技术标准》（GB/T 50344—2004）；

（2）《砌体工程现场检测技术标准》（GB/T 50315—2011）；

（3）《混凝土中钢筋检测技术规程》（JGJ/T 152—2008）；

（4）《回弹法检测混凝土抗压强度技术规程》（JGJ/T 23—2011）；

（5）《房屋结构综合安全性鉴定标准》（DB 11/637—2015）；

（6）《建筑抗震鉴定标准》（GB 50023—2009）；

（7）《建筑结构荷载规范》（GB 50009—2012）；

（8）《民用建筑可靠性鉴定标准》（GB 50292—2015）等。

2.2 检测鉴定内容

（1）结构体系检查；

（2）构件外观质量检查；

（3）构件材料强度抽样检测；

（4）构件倾斜状况抽样检测；

（5）结构安全性鉴定；

（6）根据检测鉴定结果，提出工程处理建议。

3. 结构体系与外观质量检查

3.1 结构体系检测

经检测，该结构为砖混结构，由砖砌体纵墙承重，外墙厚度为360毫米，内墙厚度为240毫米，墙体采用烧结普通砖及水泥砂浆进行砌筑；一层顶板为木格栅木楼板，二层顶板为现浇混凝土楼板。经检查，在外墙四角未发现设有构造柱；内外墙在一层楼面处未发现设置圈梁。经检测，二层顶混凝土梁截面为250毫米×500毫米，梁下铁布置了4根方形钢筋，方形钢筋截面为18毫米×18毫米，箍筋布置为φ6@150，混凝土梁的混凝土强度等级推定为 C15。

3.2 外观质量检测

根据现场情况对该楼具备检查条件的构件进行了检查、检测，主要检查结论如下：

（1）经检查，一层台阶阶条石存在明显破损，见下图。

一层西侧台阶破损

（2）经检查，东侧砖墙存在明显风化及剥落现象，见下图。

东侧外墙风化剥落

（3）经检查，墙体多处存在开裂现象，比较明显的有2层1-2-A墙体下方斜裂缝，2层1-B-C窗下方斜裂缝，2层1-2-H墙体下方斜裂缝，见下图。

二层1-2-A墙体下方斜裂缝

二层1-B-C窗下方斜裂缝

二层 1-2-H 墙体下方斜裂缝

（4）经检查，二层顶部外檐端部普遍存在混凝土块剥落，钢筋锈蚀的现象，见下图。

二层檐部混凝土剥落，钢筋锈蚀

（5）经检查，一层顶板存在渗漏痕迹，二层木地板局部存在缺失，见下图。

一层顶板渗漏痕迹

二层木地板局部缺失

（6）经检查，木楼梯下方顶板木条多处缺失，并存在渗漏痕迹，木楼梯踏步普遍存在严重磨损开裂的现象，见下图。

木楼梯下方木板缺失

木楼梯普遍严重磨损开裂

木楼梯下方木板渗漏痕迹

（7）经检查，梁中钢筋存在明显锈蚀，见下图。

梁中钢筋明显锈蚀

4. 砖、砂浆强度检测

采用回弹法检测墙体烧结普通砖强度，将该结构烧结普通砖分别按批进行评定，根据 GB50315—2011，一至二层砖强度等级推定为 <MU7.5。统计结果见下表。鉴定中 1～2 层砖强度等级取 MU5。

墙砖强度回弹检测表

层数	平均值（兆帕）	标准差（兆帕）	变异系数	标准值（兆帕）	最小值（兆帕）	推定等级
1～2 层	7.3	2.89	0.40	2.1	5.0	<MU7.5

采用贯入法检测该结构墙体砌筑砂浆强度，根据 JGJ136—2017，各层墙体砌筑砂浆实测强度推定结果为一至二层 0.6 兆帕。具体结果见下表。

墙体砌筑砂浆强度检测表

检验批	轴线编号	砂浆测区强度值（兆帕）	检测结果统计值（兆帕）	推定结果（兆帕）
1 层	1-2-D	1.20	0.91 × 平均值：0.8 1.18 × 最小值：0.6	0.6
	1-D-E	0.90		
	1-C-D	0.90		
	1-2-H	0.50		
	1-2-D	0.70		
	1-G-H	0.80		

5. 地基基础雷达探查

采用地质雷达对结构地基基础进行探查。雷达天线频率为 300 兆赫，全部结构的雷达扫描路线示意图、本结构详细测试结果见下图。

雷达扫描路线示意图

（1）路线1（室外西侧地面） （2）路线2（室内地面）

雷达详细测试结果

由上图路线 1 可见，室外地面雷达反射波各层同相轴不够平直，局部不连续，表明下方土层介质不够均匀，但地面下方未发现存在明显空洞等缺陷。

由上图路线 2 可见，室内地面雷达反射波各层同相轴相对比较杂乱，表明下方土层介质不够均匀，但地面下方未发现存在明显空洞等缺陷。

由于地面无法开挖与雷达图像进行比对，解释结果仅作为参考。

6. 结构振动测试

现场使用 941B 型超低频测振仪、Dasp 数据采集分析软件对结构进行振动测试，测振仪放置在二层顶板 1-2-B-C 区域，主要测试结果见下表和下图。

结构振动测试表

方向	峰值频率（赫兹）	阻尼比
东西向	4.00	2.51%
南北向	5.66	/

测试曲线图（东西向）

测试曲线图（南北向）

7. 墙体倾斜检测

现场测量部分墙体的倾斜程度，测量结果见下表。

依据《房屋结构综合安全性鉴定标准》（DB 11/637—2015）第 6.3.4 条规定，砌体结构多层建筑层间位移限值为 H/300（测量高度为 2000 毫米时，允许值为 6.7 毫米）。

根据测量结果，所抽检部分墙体的倾斜程度均不符合规范限值要求，现场未发现存在与倾斜相关的裂缝、局部变形或其他损坏，考虑倾斜原因主要为施工偏差、温度影响等原因所致，可观察使用。

砌体墙倾斜检测表

序号	轴线位置	倾斜方向	测斜高度（米）	偏差值（毫米）	规范限值（毫米）	结论
1	一层 1-A-B 轴墙	西（外侧）	2	15	6.7	不符合
2	一层 1-B-C 轴墙	东（内侧）	2	2	6.7	符合
3	一层 1-C-D 轴墙	/	2	0	6.7	符合
4	一层 1-E-F 轴墙	西（外侧）	2	1	6.7	符合
5	一层 1-F-G 轴墙	西（外侧）	2	4	6.7	符合
6	一层 1-G-H 轴墙	西（外侧）	2	1	6.7	符合
7	一层 2-B-C 轴墙	东（外侧）	2	9	6.7	不符合
8	一层 2-C-D 轴墙	东（外侧）	2	10	6.7	不符合
9	一层 2-E-F 轴墙	东（外侧）	2	14	6.7	不符合
10	一层 2-F-G 轴墙	东（外侧）	2	3	6.7	符合

8. 结构安全性鉴定

依据现行《房屋结构综合安全性鉴定标准》（DB11/637—2015），对现使用功能下的结构安全性进行鉴定，给出安全性的综合鉴定评级。材料强度、结构平面布置、荷载取值、计算参数等依据检测结果及现行规范。

8.1 计算模型及参数确定

依据现场检测结果，采用 PKPM 软件（PKPM2010 版，编制单位：中国建筑科学研究院 PKPM CAD 工程部），建立结构计算模型，主要参数如下：

（1）砖强度等级：MU5；砂浆强度：0.6 兆帕；混凝土强度：C15。

（2）楼屋面荷载按实际情况进行取值，具体取值见下表。

楼屋面荷载标准值取值表

类别	建筑用途	标准值
恒载	楼面面层	1.0 千牛 / 平方米
	屋面面层	5.0 千牛 / 平方米
活载	楼面	2.0 千牛 / 平方米
	上人屋面	2.0 千牛 / 平方米
风荷载	地面粗糙度类别：C 类，基本风压：0.45 千牛 / 平方米	

结构计算模型

8.2 安全性鉴定

地基基础安全性

因房屋已使用多年，墙体未发现因不均匀沉降导致的裂缝及倾斜，根据《房屋结构综合安全性鉴定标准》（DB11/637—2015）第 5.3.1 条、第 5.3.2 条、第 5.3.3 条，本结构地基基础安全性等级按上部结构反应的检查结果评为 A_u 级。

上部结构安全性

（1）砌体承重墙

1）承载能力：砌体墙受压验算结果见下图，2 片砌体墙承载力 $0.95<R/\gamma_0 S<1.00$，评定为 b_u 级，1 片砌体墙承载力 $0.90<R/\gamma_0 S<0.95$，评定为 c_u 级，3 片砌体墙承载力 $R/\gamma_0 S<0.90$，评定为 d_u 级，各层其他砌体墙承载力 $R/\gamma_0 S>1.00$，评定为 a_u 级。根据《房屋结构综合安全性鉴定标准》（DB11/637—2015）第 6.3.2 条、第 3.4.5 条及第 3.4.8 条，各层砌体墙的承载能力项评定为 D_u 级。

一层砌体墙受压承载力计算图（抗力与荷载效应之比）

二层砌体墙受压承载力计算图（抗力与荷载效应之比）

2）构造和连接项目：经检查，原结构砌体墙的高厚比符合国家现行设计规范的要求，连接及砌筑方式正确，未发现因构造措施不当导致的连接部位开裂、变形等。根据《房屋结构综合安全性鉴定标准》（DB11/637—2015）第 6.3.3 条，砌体墙的构造和连接项评定为 a_u 级。

3）变形与损伤：经检测，部分砌体墙存在明显的裂缝及倾斜，根据《房屋结构综合安全性鉴定标准》（DB11/637—2015）第 6.3.4 条，此部分砌体墙的裂缝项评定为 c_u 级，其他砌体墙的变形与损伤项评定为 a_u 级。

根据《房屋结构综合安全性鉴定标准》（DB11/637—2015）第 6.3.1 条、第 3.4.5 条及第 3.4.8 条，砌体墙的安全性等级评为 D_u 级。

（2）混凝土楼板

经现场检查，混凝土预制板自身均未遭明显损坏，也无明显挠度变形和受力裂缝，工作基本正常。根据《房屋结构综合安全性鉴定标准》（DB11/637—2015）第 7.3 节及第 3.4.5 条，混凝土楼板的安全性等级评为 A_u 级。

（3）混凝土梁

经计算，混凝土梁承载能力均 $R/\gamma_0 S > 1.0$。经现场检查，混凝土梁中钢筋存在明显锈蚀情况。根据《房屋结构综合安全性鉴定标准》（DB11/637—2015）第 7.3 节及第 3.4.5 条，混凝土梁的安全性等级评为 B_u 级。

（4）上部承重结构整体性

经现场检查，该房屋为地上 2 层砖混结构，结构布置基本合理，形成完整系统，结构选型及传力路线设计正确；圈梁布置不符合现行设计规范要求，根据《房屋结构综合安全性鉴定标准》（DB11/637—2015）第 3.4.4 条，该房屋结构整体性等级评为 C_u 级。

（5）上部承重结构安全性评级

根据《房屋结构综合安全性鉴定标准》（DB11/637—2015）第 3.4.2 条，上部承重结构的安全性等级评为 D_u 级。

鉴定单元安全性评级

综合地基基础与上部承重结构的安全性评级，根据《房屋结构综合安全性鉴定标准》（DB11/637—2015）第 3.4 节，评定该房屋的安全性等级为 D_{su} 级，安全性极不符合国家现行标准规范的安全性要求，已严重影响整体安全性能。

9. 结构抗震鉴定

根据《房屋结构综合安全性鉴定标准》（DB11/637—2015），对现使用功能下的结构抗震能力进行鉴定，给出鉴定单元抗震能力的综合鉴定评级。

9.1 地基基础抗震能力鉴定

本房屋建筑所在场地为建筑抗震一般地段，根据《房屋结构综合安全性鉴定标准》（DB11/637—2015）第 5.4.5 条，地基基础抗震能力等级评为 A_e 级。

9.2 上部结构抗震能力鉴定

抗震措施鉴定

根据《建筑抗震鉴定标准》（GB 50023—2009）对该结构的抗震构造措施进行鉴定。本结构建于 20 世纪 10 年代，按后续使用年限 30 年考虑，确定本建筑为 A 类建筑；根据国家标准《建筑抗震设防分类标准》确定本建筑抗震设防类别为丙类；本地区设防烈度为 8 度，按照 8 度的要求检查其抗震措施。检查结果如下表所示。

结构不满足要求或超出规范限值的主要项目如下：

（1）墙体局部存在明显酥碱，不满足标准要求。

（2）承重墙及其交接部位存在明显裂缝，不满足标准要求。

（3）木楼、屋盖构件存在明显腐朽，不满足标准要求。

（4）一层顶为木楼盖，抗震横墙最大间距超限，不满足标准要求。

（5）砖强度等级及砂浆强度等级过低，不满足标准要求。

（6）一层顶未设置圈梁，不满足标准要求。

（7）承重门窗间墙最小宽度小于 1.0 米，不满足标准要求。

房屋抗震构造措施检查表

1. 基本信息			
墙体（材料）类别	烧结黏土实心砖	墙体厚度（毫米）	240 毫米～360 毫米
（一）一般规定			
外观质量	墙体空臌、严重酥碱和明显闪歪		■有 □无
	支承大梁、屋架的墙体存在竖向裂缝，承重墙、自承重墙及其交接部位存在明显裂缝		■有 □无
	木楼、屋盖构件明显变形、腐朽、蚁蛀和严重开裂		■有 □无
	混凝土梁柱及其节点开裂或局部剥落，钢筋露筋、锈蚀		□有 ■无
	主体结构混凝土构件明显变形、倾斜和歪扭		□有 ■无
（二）上部主体结构			
2.1 结构体系			

项目	结果	8 度标准限值
横墙数量	□一般 □较少 ■很少	横墙较少：开间 >4.2 米房间占本层总面积 40% 以上； 横墙很少：开间 ≤ 4.2 米房间占本层总面积 20% 以下，且开间 >4.8 米房间占本层总面积 50% 以上。

续表

项目	结果	8 度标准限值
房屋高度是否超限	□超限 ■未超限	普通砖 ≥ 240 毫米：19 米。
房屋层数是否超限	□超限 ■未超限	普通砖 ≥ 240 毫米：六层。
层高是否超限	□超限 ■未超限	普通砖和 240 毫米厚多孔砖房屋层高不宜超过 4 米
房屋实际高宽比是否超限（房屋宽度不包括外走廊宽度）	□超限 ■未超限	高宽比不宜大于 2.2
抗震横墙最大间距是否超限值	■超限 □未超限	现浇或装配整体式楼盖：砖实心墙 15 米 装配式混凝土屋盖：砖实心墙 11 米 木、砖拱：砖实心墙 7 米 注：一层木楼盖，横墙间距超限
墙体布置规则性	■满足 □不满足	质量刚度沿高度分布较规则均匀，楼层的质心和计算刚心基本重合或接近
跨度不小于 6 米的大梁是否由独立砖柱承重	■满足 □不满足	跨度不小于 6 米的大梁，不宜由独立砖柱承重
楼、屋盖是否适宜	□满足 ■不满足	教学楼、医疗用房等横墙较少、跨度较大的房间，宜为现浇或装配整体式楼、屋盖 注：一层木楼盖，不满足

2.2 承重墙体材料的实际强度等级

砖、砌块及砌筑砂浆强度等级	砖强度等级：<MU7.5 砖强度等级：砂 0.6 兆帕		
砖强度等级不宜低于 MU7.5，且不低于砌筑砂浆强度等级。		□满足	■不满足
墙体的砌筑砂浆强度等级不应低于 M1；砌块墙体不应低于 M2.5		□满足	■不满足
构造柱、圈梁实际达到的混凝土强度等级不宜低于 C15		/	

3. 整体性连接构造

3.1 纵横墙交接处连接

墙体平面内布置应闭合	■满足	□不满足
纵横墙连接处墙体内无烟道、通风道等竖向孔道	■满足	□不满足

4. 圈梁

屋盖外墙	均应有	□满足	■不满足
屋盖内墙	纵横墙上圈梁的水平间距分别不应大于 8 米和 12 米	□满足	■不满足

106

楼盖外墙	横墙间距大于8米时每层应有，横墙间距不大于8米层数超过三层时，应隔层有层	□满足 ■不满足
楼盖内墙	同外墙，且圈梁的水平间距不应大于12米	□满足 ■不满足

5. 局部易倒塌部位

承重门窗间墙最小宽度不宜小于1.0米	□满足 ■不满足 注：2-C-D、1-2-D墙体不满足
承重外墙尽端至门窗洞边最小距离不宜小于1.0米	■满足 □不满足

抗震宏观控制

本结构主体为地上二层砌体结构，房屋层数、整体性连接构造符合现行国家标准《建筑抗震鉴定标准》（GB50023—2009）的要求，地基基础与上部结构相适应，房屋构件实际材料强度不符合《建筑抗震鉴定标准》（GB50023—2009）的要求。根据《房屋结构综合安全性鉴定标准》（DB11/637—2015）第6.4.6条，考虑结构已采取抗震加固措施，本结构的抗震宏观控制等级评为C_{e2}。

抗震承载力

根据《房屋结构综合安全性鉴定标准》（DB11/637—2015）第6.4.3条，综合抗震承载力按楼层综合抗震能力指数进行评价。各楼层综合抗震能力指数计算统计结果见下表，各楼层的墙段抗震能力指数计算结果见下图。图表中纵向为东西向，横向为南北向。

根据《房屋结构综合安全性鉴定标准》（DB11/637—2015）第6.4.3条、第6.4.4条，上部结构的综合抗震承载力评级为D_{e1}级。

楼层综合抗震能力指数表

方向	层号	ξ_{0i}	λ	Ψ_1	Ψ_2	综合抗震能力指数 β_{ci}
纵向	1层	0.0401	2.0	1.0	0.9	1.36
横向	1层	0.0334	2.0	1.0	0.9	0.71
纵向	2层	0.0420	2.0	1.0	0.9	1.52
横向	2层	0.0302	2.0	1.0	1.0	0.96

一层砌体墙段抗震能力指数

二层砌体墙段抗震能力指数

9.3 鉴定单元抗震能力评级

综合地基基础与上部结构的抗震能力评级，根据《房屋结构综合安全性鉴定标准》（DB11/637—2015）第 3.5 节，评定该房屋的抗震能力等级为 D_{se} 级，抗震能力严重不符合现行国家标准《建筑抗震鉴定标准》（GB50023—2009）和《房屋结构综合安全性鉴定标准》（DB11/637—2015）的抗震能力要求，严重影响整体抗震性能，必须采取整体加固或拆除重建等措施。

10. 综合安全性鉴定评级

根据《房屋结构综合安全性鉴定标准》（DB11/637—2015）第 3.6 节，评定该房屋的综合安全性等级为 D_{eu} 级。

11. 工程处理建议

（1）建议对承载力不足及开裂的墙体进行加固修复处理。墙体可采用面层和板墙加固等方式，对已开裂的墙体可先采用压力灌浆修补。

（2）建议对台阶阶条石进行修复处理。

（3）建议对存在风化的墙体表面进行修复处理，并采取相应的化学保护措施。

（4）建议对开裂的混凝土檐部进行修复加固处理。

（5）鉴于一层木顶板存在渗漏及局部缺失，建议对一层木顶板进行修复替换处理。

（6）鉴于木楼梯残损较多，建议对木楼梯进行修复替换处理。

（7）鉴于混凝土构件中钢筋存在明显锈蚀，有条件可对混凝土梁板构件进行加固处理，并采取相应的防锈处理措施。

第三章　自来水博物馆结构安全检测

1. 建筑概况

北京自来水博物馆，位于东直门北大街清水苑社区。本次检测鉴定的范围为蒸汽机房、烟囱、来水亭、聚水井。

由于以上结构外观目前均出现了不同程度的缺陷及损伤，为掌握各结构的性能状况，委托我司对其进行结构检测鉴定，并提出工程处理建议，为后续工作提供依据。

2. 检测鉴定依据与内容

2.1 检测鉴定依据

（1）甲方提供的相关技术资料；

（2）《建筑结构检测技术标准》（GB/T 50344—2004）；

（3）《砌体工程现场检测技术标准》（GB/T 50315—2011）；

（4）《混凝土中钢筋检测技术规程》（JGJ/T 152—2008）；

（5）《回弹法检测混凝土抗压强度技术规程》（JGJ/T 23—2011）；

（6）《工业建筑可靠性鉴定标准》（GB 50144—2008）；

（7）《近现代历史建筑结构安全性评估导则》WW/T 0048—2014；

（8）《建筑结构荷载规范》（GB50009—2012）等。

2.2 检测鉴定内容

（1）结构体系检查；

（2）构件外观质量检查；

110

（3）构件材料强度抽样检测；

（4）构件倾斜状况抽样检测；

（5）结构安全性鉴定；

（6）根据检测鉴定结果，提出工程处理建议。

3. 蒸汽机房

3.1　建筑概况

蒸汽机房建于 1908 年，为单层厂房，砖墙承重，墙体采用红砖，墙垛采用青砖，白灰砂浆。屋面为角钢屋架，彩钢屋面板。本房屋宽约 20 米，长约 40 米，建筑面积约 800 平方米；本房屋东西两侧檐部标高 9.0 米，房脊标高约 12.0 米，角钢屋架下部标高 7.8 米。

3.2　现状立面照片

蒸汽机房东侧外观现状

蒸汽机房西侧外观现状

蒸汽机房南侧外观现状

蒸汽机房北侧外观现状

蒸汽机房顶部外观现状

3.3 建筑测绘图纸

蒸汽机房东立面图

蒸汽机房北立面图

蒸汽机房南立面图

115

蒸汽机房平面布置图

蒸汽机房 1—1 剖面图

3.4 构件外观质量检查

现场对该房屋具备检查条件的结构构件进行了外观质量检查，构件外观质量检查结果见下表，检查结果表明：

构件外观质量检查表

层号	缺陷位置	检查结果
1	1-J 墙	西北角檐头抹灰层脱落
1	1-3-J 墙	北侧外墙抹灰层脱落
1	4-H-J 墙	东北侧门洞挑檐钢筋锈蚀
1	4-H-J 墙	东侧窗下竖向开裂，长度 1.8 米，w_{max}=1.0 毫米
1	2-A 墙	南侧柱础抹灰脱落
1	2-3-A 墙	南侧门洞上部抹灰脱落
1	1-A 墙	西南角檐头抹灰脱落
1	1-4-F-H 顶棚	顶棚局部抹灰层脱落
1	3-4-A-B 顶棚	南侧顶棚开裂、抹灰脱落

西北角檐头抹灰层脱落

北侧外墙抹灰层脱落

东北侧门洞挑檐钢筋锈蚀

东侧窗下竖向开裂

南侧柱础抹灰脱落

南侧门洞上部抹灰脱落

西南角檐头抹灰脱落

顶棚局部抹灰层脱落

南侧顶棚开裂、抹灰脱落

3.5 构件材料强度检测

砖抗压强度检测

依据《砌体工程现场检测技术标准》（GB/T 50315—2011），采用回弹法对该结构砌体墙砖抗压强度进行检测并评定强度等级。砖抗压强度回弹法检测结果见下表。

检测结果表明：砖强度等级推定为 <MU7.5，承载力验算时砖强度建议按 MU5.0 取值。

砖抗压强度回弹检测表

结构	平均值（兆帕）	标准差（兆帕）	变异系数	标准值（兆帕）	最小值（兆帕）	推定等级
蒸汽机房	7.2	2.70	0.38	2.3	4.6	<MU7.5

砂浆强度检测

依据《贯入法检测砌筑砂浆抗压强度技术规程》（JGJ/T 36—2017），采用贯入法对该结构砌体墙砌筑砂浆抗压强度进行检测并进行强度评定。检测结果见下表。

检测结果表明：所抽检砌体墙砌筑砂浆抗压强度值为 0.80 兆帕～4.60 兆帕，推定值为 1.1 兆帕。

砌筑砂浆强度检测表

结构	编号	轴线编号	砂浆测区强度值（兆帕）	检测结果统计值（兆帕）
蒸汽机房	1	1–B–C	1.10	平均值：1.7 最小值/0.75：1.1
	2	4–H–I	1.00	
	3	1–2–I	0.80	
	4	1–A	4.60	
	5	1–B–C	1.30	
	6	1–D–E	1.30	

3.6 倾斜检测

现场对该结构的砌体墙倾斜进行了抽查检测。依据《近现代历史建筑结构安全性评估导则》（WW/T 0048—2014）第7.3.2.3条关于砌体结构构件变形规定：砌体构件变形限值为0.6%。

检测结果见下表，检测结果表明：所抽检墙体变形符合规范要求。

砌体墙倾斜抽查检测表

结构	轴线位置	倾斜方向	测斜高度（米）	偏差值（毫米）	倾斜率	结论
蒸汽机房	4–B墙	西	2	7	0.35%	符合
	4–D墙	西	2	4	0.20%	符合
	4–F墙	西	2	4	0.20%	符合
	4–H墙	西	2	6	0.30%	符合
	3–J墙	北	2	1	0.05%	符合
	2–J墙	南	2	0	0.00%	符合
	1–B墙	东	2	2	0.10%	符合
	1–D墙	东	2	4	0.20%	符合
	1–F墙	东	2	3	0.15%	符合

3.7 结构振动测试

现场使用941B型超低频测振仪、Dasp数据采集分析软件对结构进行振动测试，蒸汽机房测振仪放置在东侧窗台上（标高4.84米），主要测试结果见下表和下图。

结构振动测试表

结构	方向	峰值频率（赫兹）	阻尼比
蒸汽机房	东西向	4.1	3.47%
	南北向	4.3	/

蒸汽机房测试曲线图（东西向）

蒸汽机房测试曲线图（南北向）

自振频率是由质量和刚度共同决定的，其中，建筑平面体型、墙体布置、结构内部损伤等因素会影响结构的刚度。

目前，对于此类结构的振动测试结果暂无明确评定依据，依据相关工程经验，未发现存在明显异常。

3.8 地基基础雷达探查

采用地质雷达对结构地基基础进行探查。雷达天线频率为300兆赫，全部结构的雷达扫描路线示意图、本结构详细测试结果见下图。

雷达扫描路线示意图

路线 1（蒸汽机房室内南侧地面）雷达扫描测试图

路线 2（蒸汽机房室内东侧地面）雷达扫描测试图

路线 3（蒸汽机房室内中间部位地面）雷达扫描测试图

路线 4（蒸汽机房室内北侧地面）雷达扫描测试图

路线 5（蒸汽机房室外西侧地面）雷达扫描测试图

路线 6（蒸汽机房室外南侧地面）雷达扫描测试图

路线 7（蒸汽机房室外东侧地面）雷达扫描测试图

路线 8（蒸汽机房室外北侧地面）雷达扫描测试图

由上图路线 1～路线 5 可见，室内地面雷达发射波相对比较杂乱，局部存在弧形反射波，表明下方存在管道及孔洞等情况，经查，本结构下方存在地下室，但目前不具备进入检测条件，地面未发现存在明显开裂及变形等缺陷，室内地面安全状况基本良好。

由上图路线 6～路线 8 可见，室外地面雷达发射波比较类似，基本平直连续，地面下方未发现存在明显空洞等缺陷。

由于地面无法开挖与雷达图像进行比对，解释结果仅作为参考。

3.9 蒸汽机房结构安全性鉴定

评定方法和原则

根据《近现代历史建筑结构安全性评估导则》WW/T 0048—2014，近现代历史建筑的结构安全性评估应分成地基基础、上部结构（包括围护结构）两个组成部分分别进行评估，每个组成部分应按规定分一级评估、二级评估两级进行。

（1）层次划分：

近现代历史建筑的结构安全性评估应按构件、组成部分、整体三个层次进行，从第一个层次开始，分层进行：1）根据构件各检查项目评定结果，确定单个构件安全性等级；2）根据构件的评定结果，确定组成部分安全性等级；3）根据组成部分的评定结果，确定整体安全性等级。

（2）评估原则：

近现代历史建筑结构安全性评估分为一级评估和二级评估。一级评估包括结构损伤状况、材料强度、构件变形、节点及连接构造等；二级评估为结构安全性验算。一级评估符合要求，可不再进行二级评估，评定构件安全性满足要求。一级评估不符合要求，评定构件安全性不满足要求，且应进行二级评估。二级评估应依据一级评估结果，建立整体力学模型，进行整体结构力学分析，并在此基础上进行结构承载力验算。

结构安全性等级评估

（1）地基基础构件安全性评估

经检查，未发现地基基础存在影响上部结构安全的不均匀沉降裂缝和明显变形，经雷达勘察，未发现地基存在空洞等缺陷，因此，地基基础部分的安全性评为 a 级。

（2）上部结构构件安全性评估

1）构件的一级评估

砌体结构的检测勘察应包括砌体的外观质量、材料强度、变形、裂缝、构造等 5 个项目，任一项目不满足一级评估，则应进行二级评估。

①外观质量

砌体墙多处出现抹灰脱落，其承重的有效面积未出现明显削弱，本项满足一级评估。

②材料强度

经检测，砖强度等级推定为 <MU7.5，不满足规范 MU10 的要求；砌筑砂浆抗压强度推定值为 1.1 兆帕，不满足规范 M1.5 的要求，本项不满足一级评估。

③变形

经检测，砌体墙柱倾斜率未超规范 0.6% 的要求，本项满足一级评估。

④裂缝

经检测，东侧窗下 4-H-J 墙竖向开裂，长度 1.8 米，$w_{max}=1.0$ 毫米，本项不满足一级评估。

⑤构造

经检查，本结构墙、柱的高厚比符合国家现行设计规范的要求；连接及砌筑方式正确，主要构造基本符合国家现行设计规范要求，仅有局部的表面缺陷，工作无异常。本项满足一级评估。

2）构件的二级评估

依据现行《近现代历史建筑结构安全性评估导则》WW/T 0048—2014，对结构承载力进行验算。材料强度、结构平面布置、荷载取值、计算参数等依据检测结果及现行规范。

①计算模型及参数确定

依据现场检测结果，采用 PKPM 软件（PKPM2010 版，编制单位：中国建筑科学研究院 PKPM CAD 工程部），建立结构计算模型，主要参数如下：

a. 砖强度等级：MU5；砂浆强度：1.1 兆帕。

b. 屋面荷载按实际情况并参照规范进行取值，具体取值见下表。

c. 建模时将上下相邻的洞口及水平距离较近的洞口合并为一个大洞口。

屋面荷载标准值取值表

类别	建筑用途	标准值（千牛 / 平方米）
恒载	屋面	0.5
活载	非上人屋面	0.5
风荷载	地面粗糙度类别：C 类，基本风压：0.45 千牛 / 平方米	

结构计算模型

②承载力验算结果

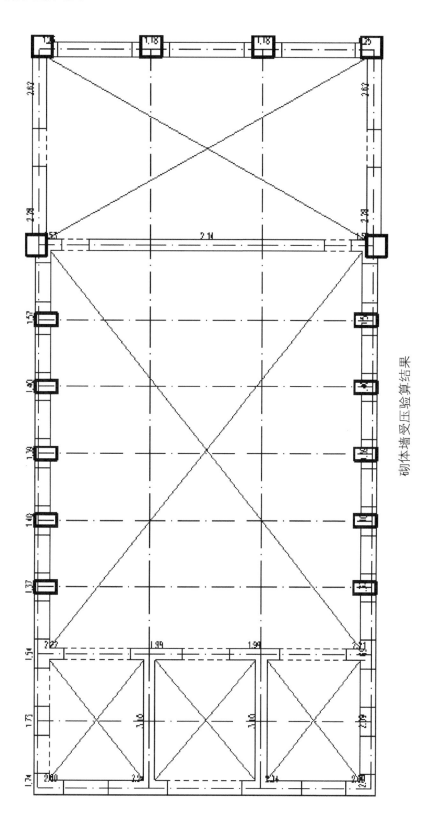

砌体墙受压验算结果

经计算，砌体墙承载力满足规范要求。

3）上部结构安全性综合评估

综上，根据规范 WW/T 0048—2014 第 8.4 节，上部结构安全性等级评定为 b 级。

（3）建筑整体安全性等级评估

综合地基基础与上部结构的安全性评级，根据《近现代历史建筑结构安全性评估导则》WW/T 0048—2014 第 8.4 节，评定该房屋的安全性等级为 B 级，整体安全性基本满足要求，有极少数构件需要采取措施。

3.10 处理建议

（1）建议对存在抹灰层剥落的墙面进行修复处理，防止继续掉落伤人。

（2）建议对东侧门洞挑檐存在露筋的部位进行加固修复处理。

（3）建议对东侧窗下开裂处进行加固修复处理。

（4）建议对存在开裂及抹灰层脱落的顶棚进行修复处理。

4. 烟囱

4.1 建筑概况

烟囱建于 1908 年，下方为方形基座，基座宽度 4.45 米，高度 3.24 米；上方为烟囱筒体，八角造型，烟囱顶部标高 28.26 米；烟囱上部筒壁厚度约 280 毫米，下部筒壁厚度及基座墙体厚度由于条件所限无法测量。烟囱采用青砖及白灰砂浆砌成。

4.2 现状立面照片

烟囱顶部外观现状

烟囱下部外观现状

4.3 建筑测绘图纸

烟囱立面图

1—1剖面图

2—2剖面图

烟囱基座平面示意图

4.4 构件外观质量检查

现场对该房屋结构构件进行了外观质量检查，经检查：烟囱出现多条竖向裂缝，筒壁裂缝 w_{max}=6.0 毫米，基座裂缝 w_{max}=13.0 毫米。裂缝现状照片见下图。

烟囱裂缝示意图

烟囱上部典型裂缝

烟囱基座典型裂缝

4.5 构件材料强度检测

砖抗压强度检测

依据《砌体工程现场检测技术标准》（GB/T 50315—2011），采用回弹法对该结构砌体墙砖抗压强度进行检测并评定强度等级。砖抗压强度回弹法检测结果见下表。

检测结果表明：砖强度等级推定为MU7.5。

砖抗压强度回弹检测表

结构	平均值（兆帕）	标准差（兆帕）	变异系数	标准值（兆帕）	最小值（兆帕）	推定等级
烟囱	8.6	1.47	0.17	6.0	6.1	MU7.5

砂浆强度检测

依据《贯入法检测砌筑砂浆抗压强度技术规程》（JGJ/T 36—2017），采用贯入法对该结构砌体墙砌筑砂浆抗压强度进行检测并进行强度评定。检测结果见下表。

检测结果表明：所抽检砌体墙砌筑砂浆抗压强度值为23.9兆帕～39.5兆帕，推定值为30.6兆帕。

砌筑砂浆强度检测表

结构	编号	轴线编号	砂浆测区强度值（兆帕）	检测结果统计值（兆帕）
烟囱	1	1－2－B	24.1	平均值：30.6 1.33* 最小值：31.8
	2	2－A－B	23.9	
	3	1－2－A	31.4	
	4	1－A－B	29.1	
	5	烟囱下部1	35.5	
	6	烟囱下部2	39.5	

4.6 倾斜检测

现场采用吊锤对该结构的基座墙体倾斜进行了检测，采用全站仪对烟囱筒体的倾斜进行了检测。依据《近现代历史建筑结构安全性评估导则》（WW/T 0048—2014）第7.3.2.3条关于砌体结构构件变形规定：砌体构件变形限值为0.6%。

倾斜检测结果见下图及下表，检测结果表明：所抽检烟囱基座及筒体变形基本满足规范要求。

烟囱筒体倾斜测点示意图

砌体墙倾斜抽查检测表

结构	轴线位置	倾斜方向	测斜高度（米）	偏差值（毫米）	倾斜率	结论
烟囱基座	1-2-A 墙	北	1.5	9	0.60%	符合
	2-A-B 墙	西	1.5	4	0.27%	符合
	1-2-B 墙	北	1.5	0	0.00%	符合
	1-A-B 墙	西	1.5	6	0.40%	符合
烟囱筒体	A 点～B 点	A 点	23.0 米	19	0.08%	符合
	C 点～D 点	D 点	14.3 米	1	0.01%	符合

4.7 结构振动测试

现场使用 941B 型超低频测振仪、Dasp 数据采集分析软件对结构进行振动测试，烟囱测振仪放置在西侧基座上（标高 3.50 米），主要测试结果见下表及下图。

结构振动测试表

结构	方向	峰值频率（赫兹）	阻尼比
烟囱	东西向	3.81	1.76%
	南北向	3.71	1.88%

烟囱测试曲线图（东西向）

烟囱测试曲线图（南北向）

自振频率是由质量和刚度共同决定的，其中，建筑平面体型、墙体布置、结构内部损伤等因素会影响结构的刚度。

目前，对于此类结构的振动测试结果暂无明确评定依据，依据相关工程经验，未发现存在明显异常。

4.8　地基基础雷达探查

采用地质雷达对结构地基基础及墙体进行探查。路线 13 雷达天线频率为 300 兆赫，路线 14～17 雷达天线频率为 1500 兆赫，全部结构的雷达扫描路线示意图、本结构详细测试结果见下图。

雷达扫描路线示意图

路线 13（烟囱外侧地面）雷达扫描测试图

路线 14（烟囱基座西侧墙体）雷达扫描测试图

路线 15（烟囱基座北侧墙体）雷达扫描测试图

路线 16（烟囱基座东侧墙体）雷达扫描测试图

路线 17（烟囱基座南侧墙体）雷达扫描测试图

由上图路线 13 可见，烟囱外侧地面上侧雷达反射波基本平直连续，局部（A 处）下方略显杂乱），此处下方地基处理可能不够均匀。

烟囱各侧墙中部存在明显竖向开裂，由于设备分辨率的问题，雷达反射波未体现出来，经现场检查，墙体裂缝未明显贯通墙体。

由于地面无法开挖与雷达图像进行比对，解释结果仅作为参考。

4.9 烟囱结构可靠性鉴定

评定方法和原则

依据《工业建筑可靠性鉴定标准》（GB50144—2008），对现状下结构可靠性进行鉴定，给出鉴定单元可靠性的鉴定评级。

依据《工业建筑可靠性鉴定标准》（GB50144—2008）要求，烟囱的可靠性鉴定，应分为地基基础、筒壁及支承结构、隔热层和内衬、附属设施四个结构系统进行评定。其中，地基基础、筒壁及支承结构、隔热层和内衬为主要结构系统应进行可靠性等级评定，附属设施可根据实际状况评定。

构件的安全性及使用性鉴定

烟囱筒壁及支承结构的安全性等级应按承载能力项目的评定等级确定；使用性等级应按损伤、裂缝和倾斜三个项目的最低评定等级确定；可靠性等级可按安全性等级和使用性等级中的较低等级确定。

（1）承载能力

由于烟囱筒体壁厚及基座侧墙厚度及内部构造情况不详，暂无法进行准确计算，鉴于烟囱已建成一百余年，且已不再作为烟囱使用，筒体未出现明显变形及水平开裂，本项暂定为 a 级构件。

（2）损伤、裂缝

经检测，烟囱出现多条竖向裂缝，筒壁 $w_{max}=6.0$ 毫米，基座 $w_{max}=13.0$ 毫米，本项评定为 c 级构件。

（3）倾斜

经检测，烟囱筒体及基座倾斜满足规范要求，本项评定为 a 级构件。

结构系统的安全性及使用性鉴定评级

鉴定单元本次划分为地基基础、筒壁及支承结构两个结构系统，根据标准（GB50144

—2008）的相关要求，分别评定其安全性及使用性等级。

地基基础：依据 2008 年《北京自来水博物馆来水亭、烟囱倾斜及沉降检测报告》，烟囱底部位置布置了 3 个倾斜倾斜监测点，监测结果表明半年内的沉降量均小于 5 毫米；经现场检查，未发现裂缝有进一步发展的趋势。地基基础安全性及使用性均评定为 B 级。

筒壁及支承结构：根据构件评定结果，承载功能评定为 C 级，使用状况评定为 B 级。

鉴定单元的可靠性鉴定评级

综合地基基础与筒壁及支承结构的安全性与使用性评级，根据标准《工业建筑可靠性鉴定标准》（GB50144—2008），评定该烟囱的可靠性等级为三级，不符合国家现行标准规范的可靠性要求，影响整体安全，在目标使用年限内明显影响整体正常使用，应采取措施，且可能有极少数构件必须立即采取措施。

4.10 处理建议

（1）建议对基座侧墙的裂缝进行修补处理，并尽快采取加固措施，可对墙面采取钢筋网砂浆面层的方式进行加固。

（2）建议对烟囱筒体的裂缝进行修补处理，并尽快采取加固措施，可对烟囱筒体采取增设环形钢箍的方式进行加固。

（3）建议对基座侧墙及筒体的裂缝进行定期观察，如发现裂缝存在进一步发展的迹象，应立即向相关管理部门汇报。

5. 来水亭

5.1 建筑概况

来水亭建于 1910 年，为两层圆亭，一层外侧设有回廊，由 16 根砖柱承重，回廊宽约 2.7 米，回廊上部顶板为钢筋混凝土板。圆亭内径长约 9.7 米，圆亭内部通高，室内天花标高 8.54 米，天花顶部为木梁木拱顶。一层外檐标高 5.43 米，水亭顶部标高 16.58 米。来水亭墙体采用红砖、白灰砂浆；回廊立柱为灰砖、白灰砂浆。

5.2 现状立面照片

来水亭顶部外观现状

来水亭南侧外观现状

来水亭吊顶内部现状

5.3　建筑测绘图纸

来水亭一层平面布置图

来水亭二层平面布置图

来水亭立面图

来水亭剖面图

来水亭柱子详图

5.4 构件外观质量检查

现场对该房屋具备检查条件的结构构件进行了外观质量检查，构件外观质量检查结果见下表。

构件外观质量检查表

层号	缺陷位置	检查结果
1	/	一层顶外檐抹灰层多处脱落
2	/	二层木窗多处糟朽
2	吊顶中央位置	吊顶个别木构件糟朽断裂
1	一层全部	一层门洞上部砖拱普遍存在竖向开裂，$w_{max}=0.2$ 毫米
2	二层全部	二层窗洞上部砖拱普遍存在竖向开裂，$w_{max}=0.3$ 毫米
1、2	/	内墙抹灰层多处脱落
1	12-A 柱、13-A 柱	外侧西北侧砖柱抹灰层剥落

一层顶外檐抹灰脱落

二层木窗糟朽

吊顶个别木构件糟朽断裂

吊顶个别木构件糟朽断裂

一层窗上部砖拱普遍存在竖向开裂

二层窗上部砖拱普遍存在竖向开裂

内墙抹灰脱落

外侧西北侧砖柱抹灰层剥落

5.5 构件材料强度检测

砖抗压强度检测

依据《砌体工程现场检测技术标准》（GB/T 50315—2011），采用回弹法对该结构砌体墙砖抗压强度进行检测并评定强度等级。砖抗压强度回弹法检测结果见下表。

检测结果表明：来水亭墙体砖强度等级推定为 MU10，廊柱砖强度等级推定为 <MU7.5，承载力验算时墙体砖强度建议按 MU10 取值，柱砖强度建议按 MU5.0 取值。

砖抗压强度回弹检测表

编号	结构	平均值（兆帕）	标准差（兆帕）	变异系数	标准值（兆帕）	最小值（兆帕）	推定等级
1	来水亭墙体	12.3	1.01	0.08	10.5	11.4	MU10
2	来水亭廊柱	5.2	0.21	0.04	4.9	5.0	<MU7.5

砂浆强度检测

依据《贯入法检测砌筑砂浆抗压强度技术规程》（JGJ/T 36—2017），采用贯入法对该结构砌体墙砌筑砂浆抗压强度进行检测并进行强度评定。检测结果见下表。

检测结果表明：所抽检来水亭墙体砌筑砂浆抗压强度值为 10.01 兆帕～11.37 兆帕，柱砌筑砂浆抗压强度值为 10.54 兆帕～20.24 兆帕。

砌筑砂浆强度检测表

结构	编号	轴线编号	砂浆测区强度值（兆帕）
来水亭墙	1	1–2–B	10.01
	2	5–6–B	11.37
	3	11–12–B	10.28
来水亭柱	4	13–A	10.54
	5	12–A	20.24
	6	8–A	13.65

5.6 倾斜检测

现场对该结构的砌体墙倾斜进行了抽查检测。依据《近现代历史建筑结构安全性评估导则》（WW/T 0048—2014）第 7.3.2.3 条关于砌体结构构件变形规定：砌体构件变形限值为 0.6%。

检测结果见下表，检测结果表明：所抽检墙体变形基本满足规范要求。

砌体墙倾斜抽查检测表

结构	轴线位置	倾斜方向	测斜高度（米）	偏差值（毫米）	倾斜率	结论
来水亭	1–2–B 墙	向外	2	9	0.45%	符合
	3–4–B 墙	向外	2	10	0.50%	符合
	5–6–B 墙	向外	2	5	0.25%	符合
	7–8–B 墙	向外	2	8	0.40%	符合
	9–10–B 墙	向外	2	14	0.70%	基本符合
	11–12–B 墙	向外	2	13	0.65%	基本符合
	13–14–B 墙	向外	2	12	0.60%	符合
	15–16–B 墙	向外	2	11	0.55%	符合

5.7 结构振动测试

现场使用 941B 型超低频测振仪、Dasp 数据采集分析软件对结构进行振动测试，来水亭测振仪放置在二层西侧窗台上（标高 5.75 米）主要测试结果见下表、下图。

结构振动测试表

结构	方向	峰值频率（赫兹）	阻尼比
来水亭	东西向	5.57	4.16%
	南北向	5.86	/

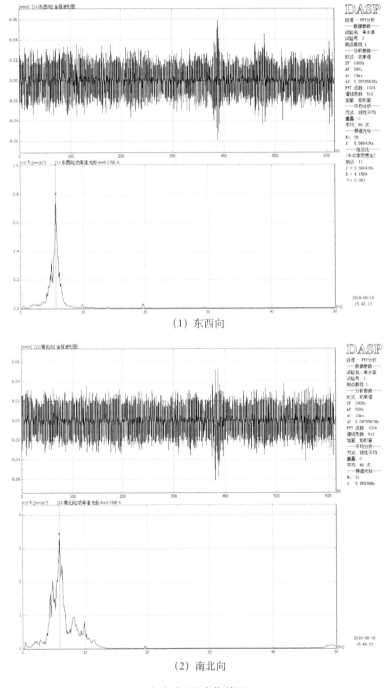

（1）东西向

（2）南北向

来水亭测试曲线图

自振频率是由质量和刚度共同决定的，其中，建筑平面体型、墙体布置、结构内部损伤等因素会影响结构的刚度。

目前，对于此类结构的振动测试结果暂无明确评定依据，依据相关工程经验，未发现存在明显异常。

5.8 地基基础雷达探查

采用地质雷达对结构地基基础进行探查。雷达天线频率为 300 兆赫，全部结构的雷达扫描路线示意图、本结构详细测试结果见下图。

雷达扫描路线示意图

路线 9（来水亭室内地面）雷达扫描测试图

路线 10（来水亭外廊地面）雷达扫描测试图

由上图可见，室内地面及外廊地面雷达反射波基本平直连续，下方地基没有明显空洞等缺陷。

由于地面无法开挖与雷达图像进行比对，解释结果仅作为参考。

5.9 来水亭结构安全性鉴定

评定方法和原则

根据《近现代历史建筑结构安全性评估导则》WW/T 0048—2014，近现代历史建筑的结构安全性评估应分成地基基础、上部结构（包括围护结构）两个组成部分分别进行评估，每个组成部分应按规定分一级评估、二级评估两级进行。

（1）层次划分：

近现代历史建筑的结构安全性评估应按构件、组成部分、整体三个层次进行，从第一个层次开始，分层进行：①根据构件各检查项目评定结果，确定单个构件安全性等级；②根据构件的评定结果，确定组成部分安全性等级；③根据组成部分的评定结果，确定整体安全性等级。

（2）评估原则：

近现代历史建筑结构安全性评估分为一级评估和二级评估。一级评估包括结构损伤状况、材料强度、构件变形、节点及连接构造等；二级评估为结构安全性验算。一级评估符合要求，可不再进行二级评估，评定构件安全性满足要求。一级评估不符合要求，评定构件安全性不满足要求，且应进行二级评估。二级评估应依据一级评估结果，建立整体力学模型，进行整体结构力学分析，并在此基础上进行结构承载力验算。

结构安全性等级评估

（1）地基基础构件安全性评估

经检查，未发现地基基础存在影响上部结构安全的不均匀沉降裂缝和明显变形，经雷达勘察，未发现地基存在空洞等缺陷，因此，本鉴定单元地基基础的安全性评为a级。

（2）上部结构构件安全性评估

1）构件的一级评估

砌体结构的检测勘察应包括砌体的外观质量、材料强度、变形、裂缝、构造等5个项目，任一项目不满足一级评估，则应进行二级评估。

①外观质量

砌体墙及柱多处出现抹灰脱落，其承重的有效面积未出现明显削弱，本项满足一级评估。

②材料强度

经检测，墙砖强度等级推定为MU10，满足规范MU10的要求，廊柱砖强度等级推定为<MU7.5，不满足规范MU10的要求；砌筑砂浆抗压强度推定值满足规范M1.5的要求，本项砖强度不满足一级评估。

③变形

经检测，砌体墙柱倾斜率基本满足规范0.6%的要求，本项满足一级评估。

④裂缝

经检测，一层门洞上部砖拱普遍存在竖向开裂，w_{max}=0.2毫米；二层窗洞上部砖拱普遍存在竖向开裂，w_{max}=0.3毫米，本项不满足一级评估。

⑤构造

经检查，本结构墙、柱的高厚比符合国家现行设计规范的要求；连接及砌筑方式正确，主要构造基本符合国家现行设计规范要求，仅有局部的表面缺陷，工作无异常。本项满足一级评估。

2）构件的二级评估

依据现行《近现代历史建筑结构安全性评估导则》WW/T 0048—2014，对结构承载力进行验算。材料强度、结构平面布置、荷载取值、计算参数等依据检测结果及现行规范。

①计算模型及参数确定

依据现场检测结果，采用 PKPM 软件（PKPM2010 版，编制单位：中国建筑科学研究院 PKPM CAD 工程部），建立结构计算模型，主要参数如下：

a. 砖强度等级：MU10（墙体）、MU5.0（柱）；砂浆强度：10.1 兆帕（墙体）、14.0 兆帕（柱）。

b. 屋面荷载按实际情况并参照规范进行取值，具体取值见下表。

屋面荷载标准值取值表

类别	建筑用途	标准值（千牛/平方米）
恒载	屋面	2.0
活载	非上人屋面	0.5
风荷载	地面粗糙度类别：C 类，基本风压：0.45 千牛/平方米	

结构计算模型

②承载力验算结果

一层砌体墙受压验算结果

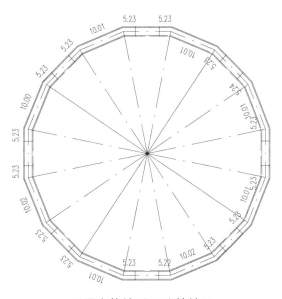

二层砌体墙受压验算结果

经计算，砌体墙承载力基本满足规范要求。

3）上部结构安全性综合评估

综上，根据规范 WW/T 0048—2014 第 8.4 节，上部结构安全性等级评定为 b 级。

（3）建筑整体安全性等级评估

综合地基基础与上部结构的安全性评级，根据《近现代历史建筑结构安全性评估导则》WW/T 0048—2014 第 8.4 节，评定该房屋的安全性等级为 B 级，整体安全性基本满足要求，有极少数构件需要采取措施。

5.10 处理建议

（1）对门窗洞口上部裂缝，可通过局部灌缝进行修复处理，并定期进行观察，如果存在继续扩大的迹象，应采取加固处理措施。

（2）建议对内墙及砖柱表面存在抹灰脱落的部位进行修复处理。

（3）建议对糟朽开裂的门窗进行修复处理。

（4）建议对吊顶内存在糟朽断裂的木构件进行修复替换，并修复屋顶防水层。

6. 聚水井

6.1 建筑概况

聚水井约建于 1940 年，砖混结构，砖墙承重，钢筋混凝土屋盖，井室内直径为 5.5 米，面积约为 23.49 平方米，室内房屋高度约为 4.3 米。

6.2 现状立面照片

聚水井东南侧外观现状

聚水井西北侧外观现状

6.3 建筑测绘图纸

聚水井平面布置图

聚水井剖面图

聚水井立面图

6.4 构件外观质量检查

现场对该房屋结构构件进行了外观质量检查，构件外观质量检查结果见下表。

构件外观质量检查表

层号	检查结果
1	基础外侧挡墙抹灰层多处开裂脱落
1	砖墙上部轻微风化

| 基础外侧挡墙抹灰层多处开额脱落 | 砖墙上部轻微风化 |

6.5　构件材料强度检测

砖抗压强度检测

依据《砌体工程现场检测技术标准》（GB/T 50315—2011），采用回弹法对该结构砌体墙砖抗压强度进行检测并评定强度等级。砖抗压强度回弹法检测结果见下表。

检测结果表明：砖强度等级推定为 <MU7.5，承载力验算时砖强度建议按 MU5.0 取值。

砖抗压强度回弹检测表

结构	平均值（兆帕）	标准差（兆帕）	变异系数	标准值（兆帕）	最小值（兆帕）	推定等级
聚水井	5.9	2.11	0.36	2.1	3.9	<MU7.5

砂浆强度检测

依据《贯入法检测砌筑砂浆抗压强度技术规程》（JGJ/T 36—2017），采用贯入法对该结构砌体墙砌筑砂浆抗压强度进行检测并进行强度评定。检测结果见下表。

检测结果表明：所抽检砌体墙砌筑砂浆抗压强度值为 2.85 兆帕～7.55 兆帕。

砌筑砂浆强度检测表

结构	编号	轴线编号	砂浆测区强度值（兆帕）
聚水井	1	5—6—A	2.85
	2	4—5—A	7.55
	3	1—2—A	7.34

6.6 倾斜检测

现场对该结构的砌体墙倾斜进行了抽查检测。依据《近现代历史建筑结构安全性评估导则》（WW/T 0048—2014）第7.3.2.3条关于砌体结构构件变形规定：砌体构件变形限值为0.6%。

检测结果见下表，检测结果表明：所抽检墙体变形符合规范要求。

砌体墙倾斜抽查检测表

结构	轴线位置	倾斜方向	测斜高度（米）	偏差值（毫米）	倾斜率	结论
聚水井	1—2—A墙	向外	2	0	0.00%	符合
	2—3—A墙	向外	2	4	0.20%	符合
	3—4—A墙	向外	2	1	0.05%	符合
	4—5—A墙	向外	2	6	0.30%	符合
	5—6—A墙	向内	2	2	0.10%	符合
	1—6—A墙	向外	2	5	0.25%	符合

6.7 结构振动测试

现场使用941B型超低频测振仪、Dasp数据采集分析软件对结构进行振动测试，聚水井测振仪放置在屋顶东侧（标高5.0米），主要测试结果见下表和下图。

结构振动测试表

结构	方向	峰值频率（赫兹）	阻尼比
聚水井	东西向	10.16	1.93%
	南北向	7.81	/

聚水井测试曲线图（东西向）

聚水井测试曲线图（南北向）

自振频率是由质量和刚度共同决定的，其中，建筑平面体型、墙体布置、结构内部损伤等因素会影响结构的刚度。

目前，对于此类结构的振动测试结果暂无明确评定依据，依据相关工程经验，未发现存在明显异常。

6.8 地基基础雷达探查

采用地质雷达对结构地基基础进行探查。雷达天线频率为 300 兆赫，全部结构的雷达扫描路线示意图、本结构详细测试结果见下图。

雷达扫描路线示意图

路线 11（聚水井室内地面）雷达扫描测试图

路线 12（聚水井室外地面）雷达扫描测试图

由上图路线 11 可见，室内地面雷达反射波基本平直连续，没有明显空洞等缺陷。

由上图路线 12 可见，室外路面雷达反射波比较杂乱，经现场检查，室外路面表面凹凸不平且材质不一，造成表面反射波出现杂乱的现象，但路面下方地基未发现存在明显空洞等缺陷。

由于地面无法开挖与雷达图像进行比对，解释结果仅作为参考。

6.9 蒸汽机房结构安全性鉴定

评定方法和原则

根据《近现代历史建筑结构安全性评估导则》WW/T 0048—2014，近现代历史建筑的结构安全性评估应分成地基基础、上部结构（包括围护结构）两个组成部分分别进行评估，每个组成部分应按规定分一级评估、二级评估两级进行。

（1）层次划分：

近现代历史建筑的结构安全性评估应按构件、组成部分、整体三个层次进行，从第一个层次开始，分层进行：①根据构件各检查项目评定结果，确定单个构件安全性等级；②根据构件的评定结果，确定组成部分安全性等级；③根据组成部分的评定结果，确定整体安全性等级。

（2）评估原则：

近现代历史建筑结构安全性评估分为一级评估和二级评估。一级评估包括结构损伤状况、材料强度、构件变形、节点及连接构造等；二级评估为结构安全性验算。一级评估符合要求，可不再进行二级评估，评定构件安全性满足要求。一级评估不符合要求，评定构件安全性不满足要求，且应进行二级评估。二级评估应依据一级评估结果，建立整体力学模型，进行整体结构力学分析，并在此基础上进行结构承载力验算。

结构安全性等级评估

（1）地基基础构件安全性评估

经检查，基础外侧挡墙抹灰层多处开额脱落未，但发现地基基础存在影响上部结构安全的不均匀沉降裂缝和明显变形，经雷达勘察，未发现地基存在空洞等缺陷，因此，本鉴定单元地基基础的安全性评为 b 级。

（2）上部结构构件安全性评估

1）构件的一级评估

砌体结构的检测勘察应包括砌体的外观质量、材料强度、变形、裂缝、构造等 5 个项目，任一项目不满足一级评估，则应进行二级评估。

①外观质量

砌体墙多局部出现轻微风化，其承重的有效面积未出现明显削弱，本项满足一级评估。

②材料强度

经检测，砖强度等级推定为 <MU7.5，不满足规范 MU10 的要求；砌筑砂浆抗压强度值为 2.85 兆帕～7.55 兆帕，满足规范 M1.5 的要求，本项砖强度不满足一级评估。

③变形

经检测，砌体墙柱倾斜率未超规范 0.6% 的要求，本项满足一级评估。

④裂缝

经检测，未发现墙体存在在明显裂缝，本项不满足一级评估。

⑤构造

经检查，本结构墙、柱的高厚比符合国家现行设计规范的要求；连接及砌筑方式正确，主要构造基本符合国家现行设计规范要求，仅有局部的表面缺陷，工作无异常。本项满足一级评估。

2）构件的二级评估

依据现行《近现代历史建筑结构安全性评估导则》WW/T 0048—2014，对结构承载力进行验算。材料强度、结构平面布置、荷载取值、计算参数等依据检测结果及现行规范。

①计算模型及参数确定

依据现场检测结果，采用 PKPM 软件（PKPM2010 版，编制单位：中国建筑科学研究院 PKPM CAD 工程部），建立结构计算模型，主要参数如下：

　　a. 砖强度等级：MU5；砂浆强度：2.85 兆帕。

　　b. 屋面荷载按实际情况并参照规范进行取值，具体取值见下表。

　　c. 建模时将水平距离较近的洞口合并为一个大洞口。

屋面荷载标准值取值表

类别	建筑用途	标准值（千牛／平方米）
恒载	屋面	2.0
活载	非上人屋面	0.5
风荷载	地面粗糙度类别：C 类，基本风压：0.45 千牛／平方米	

结构计算模型

②承载力验算结果

砌体墙受压验算结果

经计算，砌体墙承载力基本满足规范要求。

169

3）上部结构安全性综合评估

综上，根据规范 WW/T 0048—2014 第 8.4 节，上部结构安全性等级评定为 a 级。

（3）建筑整体安全性等级评估

综合地基基础与上部结构的安全性评级，根据《近现代历史建筑结构安全性评估导则》WW/T 0048—2014 第 8.4 节，评定该房屋的安全性等级为 B 级，整体安全性基本满足要求，有极少数构件需要采取措施。

6.10 处理建议

建议对存在抹灰层开裂的挡墙进行修复处理。

第四章 长巷三条1号院结构安全检测

1. 建筑概况

1.1 建筑概况

北京市东城区长巷三条1号院为区级文物保护单位，约建于民国时期，具体年代不详，为地上3层砖木结构。房屋平面基本为矩形，局部内收，平面长度约24米，宽度约19米，房屋中间有天井，天井上方屋盖采用轻钢屋架，其余部位屋盖采用三角木屋架，总建筑面积约1100平方米。该建筑曾用作旅馆，目前处于空置状态。为掌握该楼结构性能的客观状况，甲方委托对其进行结构鉴定。

1.2 现状立面照片

长巷三条1号院东南立面

长巷三条 1 号院北立面

长巷三条 1 号院内立面

1.3 建筑测绘图纸

首层平面测绘图

二层平面测绘图

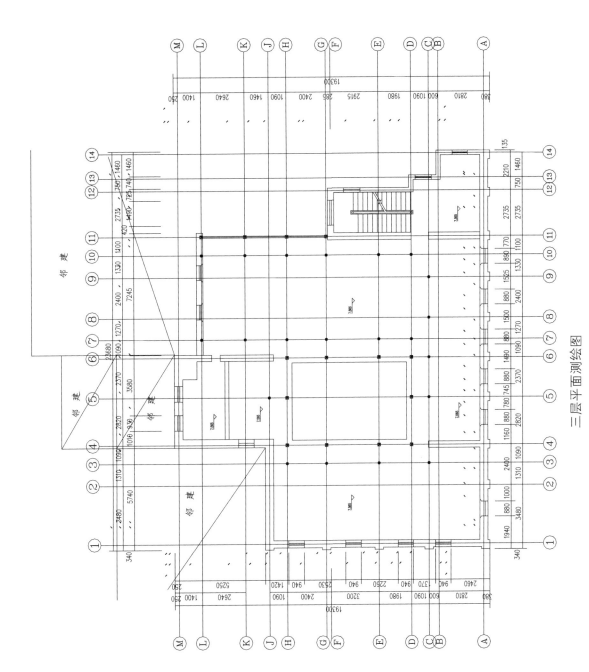

三层平面测绘图

1-1剖面测绘图

2-2 剖面测绘图

3-3 剖面测绘图

2. 检测鉴定依据与内容

2.1 检测鉴定依据

（1）业主单位及委托单位提供的技术资料

（2）《建筑结构检测技术标准》（GB/T50344—2004）

（3）《砌体工程现场检测技术标准》（GB/T50315—2011）

（4）《建筑抗震鉴定标准》（GB50023—2009）

（5）《贯入法检测砌体砂浆抗压强度技术规程》（JGJ/T 136—2001）

（6）《建筑工程抗震设防分类标准》（GB50223—2008）

（7）《建筑抗震设计规范》（GB50011—2010）

（8）《砌体结构设计规范》（GB50003—2011）

2.2 检验鉴定内容

（1）结构体系、外观质量检查；

（2）墙体砖强度、砂浆强度检测；

（3）结构安全性鉴定；

（4）结构抗震鉴定；

（5）工程处理建议。

3. 地基基础雷达探查

采用地质雷达对结构墙体及地面进行探查，雷达天线频率为 300 兆赫，路线 1 为雷达沿墙体外侧进行测试的结果，路线 2 为雷达沿墙体外侧路面测试的结果，路线 3 为雷达沿天井处 1 层地面的测试结果。雷达扫描路线示意见图、具体雷达测量结果见下图。

雷达扫描路线示意图

路线 1 雷达测量图

路线 2 雷达测量图

路线 3 雷达测量图

（1）由路线 1 可见，墙体反射波基本平直连续，仅在 A 处出现明显的衰减，经检查，此处为后堵的门洞，其他部位墙体未见明显异常。

（2）由路线 2 可见，外侧路面雷达反射波基本平直连续，未发现路面下部存在明显的空洞、裂缝等缺陷。

（3）由路线 3 可见，天井处室内地面下方雷达反射波相对杂乱无序，由于雷达扫描的范围位于柱础之间，此部位可能为杂填土。

由于雷达测试区域无法全面开挖与雷达图像进行比对，解释结果仅作为参考。

4. 现场检验结果

4.1 结构体系检查、构造措施检查

经检查，本结构为地上三层砖木结构。房屋中间有天井，天井平面尺寸为 4.6 米 ×7.0 米，天井上方屋盖采用轻钢屋架，其余部位楼盖为木格栅楼板，木楼板上方均铺有水泥垫层，垫层厚度约 10 厘米，屋盖采用三角木屋架。结构主要由外侧砖墙和内部木梁柱混合承重，承重砖墙由黏土砖和混合砂浆砌筑而成，房屋北侧端部为后改的混凝土楼梯。

4.2 结构外观质量检查检测结果

对本结构构件的外观质量进行检查检测，主要检查结果如下：

（1）墙体砖多处存在风化酥碱现象。

（2）外墙在窗口中间部位存在较多竖向裂缝，部分墙体在门窗洞口处出现斜向裂缝，个别裂缝宽度超过 5 毫米，存在严重安全隐患。

（3）多根承重木柱存在严重开裂现象，部分木柱曾经进行过加固。

（4）承重木柱、木梁存在糟朽现象，其中一层木柱糟朽现象较普遍，详细木构件糟朽检查情况见本报告第 6 部分（木结构材质状况勘查结果）。

（5）部分木格栅楼板存在严重的糟朽现象。

（6）天井上方屋顶部分缺损。

（7）屋顶瓦块破碎较多。

（8）屋架内部存在渗漏迹象。

具体检查结果见下表所示。

外观质量检查表

编号	楼层	轴线位置	检查结果
1	一层	1-4-A	风化酥碱现象
2	一层	1-4-J	风化酥碱现象
3	一层	11-14-A	最大裂缝宽度 0.6 毫米，裂缝长度约 2.0 米

编号	楼层	轴线位置	检查结果
4	一至三层	9-11-A	1～3 层墙体窗口中间竖向开裂，最大裂缝宽度 1.0 毫米，裂缝贯通
5	一至三层	8-9-A	1～3 层墙体窗口中间竖向开裂，最大裂缝宽度 1.0 毫米，裂缝贯通
6	三层	6-8-A	墙体窗口中间竖向开裂，最大裂缝宽度 0.6 毫米，裂缝贯通
7	一至三层	5-6-A	1～3 层墙体窗口中间竖向开裂，最大裂缝宽度 7.0 毫米，裂缝贯通
8	一至三层	4-5-A	1～3 层墙体窗口中间竖向开裂，最大裂缝宽度 8.0 毫米，裂缝贯通
9	一至三层	1-4-A	1～3 层墙体窗口中间竖向开裂，最大裂缝宽度 4.0 毫米，裂缝贯通
10	二层	1-A-B	墙体窗口上竖向裂缝，最大裂缝宽度 1.5 毫米，裂缝长度约 0.6 米
11	二层	1-C-E	墙体窗口上竖向裂缝，最大裂缝宽度 2.5 毫米，裂缝长度约 0.6 米
12	二层	1-F-G	墙体窗口上竖向裂缝 1 条，最大裂缝宽度 5.0 毫米，裂缝长度约 0.6 米
13	二层	1-G-J	墙体窗口上竖向裂缝 3 条，最大裂缝宽度 1.0 毫米，裂缝长度约 0.6 米
14	二层	1-2-J	墙体窗口角部斜向裂缝，最大裂缝宽度 1.0 毫米，裂缝长度约 0.2 米
15	二层	6-K-M	墙体门洞上方斜向裂缝，最大裂缝宽度 12.0 毫米，裂缝长度约 1.5 米
16	三层	11-B	墙垛斜裂缝，裂缝宽度 2.0 毫米，裂缝长度约 0.6 毫米
17	三层	1-A-C	墙体窗口上部中间裂缝，最大裂缝宽度 3.0 毫米，裂缝长度约 1.0 米
18	三层	1-C-E	墙体窗口上部中间裂缝，最大裂缝宽度 4.0 毫米，裂缝长度约 1.0 米
19	三层	1-E-G	墙体窗口上部中间裂缝，最大裂缝宽度 5.0 毫米，裂缝长度约 1.0 米
20	三层	1-G-J	墙体窗口下部中间裂缝，最大裂缝宽度 2.0 毫米，裂缝长度约 1.0 米
21	三层	1-3-J	墙体窗口上部、下部左侧裂缝，最大裂缝宽度 1.0 毫米，裂缝贯通
22	三层	4-J-K	墙体窗口角部斜裂缝，最大裂缝宽度 1.0 毫米，裂缝贯通

编号	楼层	轴线位置	检查结果
23	三层	6–J–K	墙体门洞及左侧竖向裂缝，最大裂缝宽度3.0毫米，裂缝贯通
24	三层	6–11–L	墙体窗口上、下部中间裂缝，最大裂缝宽度1.0毫米，裂缝贯通
25	一层	3–4–C–E	顶部木楼板糟朽破损
26	一层	6–7–G–J	顶部木楼板糟朽破损
27	一层	6–7–K–M	顶部木楼板糟朽破损
28	一层	4–6–K–M	顶部木楼板糟朽破损
29	一层	11–14–A–B	顶部木楼板糟朽破损
30	二层	13–14–A–B	顶部木楼板糟朽破损
31	二层	5–6–A–B	顶部木楼板糟朽破损
32	三层	5–6–C–D	顶部木顶棚糟朽破损
33	一层	10–G	木柱竖向裂缝，最大裂缝宽度5.5毫米，裂缝深约45毫米，埋入墙体
34	一层	10–H	木柱竖向裂缝，最大裂缝宽度8.0毫米，裂缝深约60毫米，埋入墙体
35	一层	11–H	木柱竖向裂缝，最大裂缝宽度17.0毫米，裂缝深约70毫米
36	一层	11–K	木柱斜裂缝，最大裂缝宽度6.0毫米，裂缝深约40毫米，木柱底部糟朽
37	一层	7–E	木柱斜裂缝，最大裂缝宽度4.0毫米，裂缝深约30毫米
38	二层	7–H	木柱竖向裂缝，最大裂缝宽度13.0毫米，裂缝深约70毫米
39	三层	7–E	木柱竖向裂缝，裂缝宽度10.0毫米，裂缝深约85毫米
40	三层	10–K	木柱底部开裂，裂缝最大宽度8.0毫米，裂缝深约50毫米
41	三层	10–G	木柱开裂，裂缝最大宽度5.0毫米，裂缝深约80毫米
42	三层	5–J	木柱开裂，裂缝最大宽度10.0毫米，裂缝深约45毫米
43	一层	10–K	木柱底部糟朽
44	一层	6–A–B	木梁糟朽
45	一层	6–C	木柱底部糟朽
46	一层	3–C	木柱底部糟朽
47	二层	6–C–D	木梁开裂糟朽
48	三层	4–5–H–J	屋盖损坏，有较大空隙
49	三层	5–6–A–C	瓦片大面积破碎
50	三层	5–6–A–C	屋盖内侧渗漏痕迹
51	三层	1–2–A–C	屋盖内侧渗漏痕迹

1-4-A（一层）

1-4-J（一层）

5-6-A（3层顶）

4-5-A（1、2层之间）

1-C-E（2层）

1-F-G（2层）

6-K-M（2层）

11-B（3层）

1-E-G（3层）

1-G-J（3层）

6-7-K-M（1层）

4-6-K-M（1层）

10-G（1层）

10-H（1层）

10-K（1层）

6-A-B（1层）

6-C（1层）

3-C（1层）

6-C-D（2层）

4-5-H-J屋盖损坏，有较大空隙

5-6-A-C 瓦片大面积破碎

5-6-A-C 屋盖内侧渗漏痕迹

4.3 砌体砖墙强度检验结果

采用回弹法检测砌体墙的砖强度，根据 GB/T 50315—2011，推定一层及三层砖的强度等级为 <MU7.5，推定二层砖的强度等级为 MU7.5，统计结果见下表。

墙砖强度回弹检测表

层数	平均值（兆帕）	标准差（兆帕）	变异系数	标准值（兆帕）	最小值（兆帕）	推定等级
一层	6.7	2.10	0.31	2.95	3.8	<MU7.5
二层	7.8	0.88	0.11	6.22	6.3	MU7.5
三层	7.7	2.11	0.27	3.91	4.9	<MU7.5

采取贯入法检测砌体墙的砂浆强度，根据 JGJ/T 136—2001 评定砂浆强度一层～三层为 0.53 兆帕，统计结果见下表。

砌筑砂浆强度检测表

楼层	墙体位置	砂浆强度（兆帕）	平均值/最小值（兆帕）	推定值（兆帕）
一层	1–E–G	0.70	0.78/0.40	0.53
	4–5–J	0.40		
	6–J–K	0.60		
	7–8–L	1.10		
	10–11–M	0.70		
	13–C–D	1.20		
二层	9–10–A	0.80	0.90/0.40	0.53
	1–A–B	1.10		
	6–8–A	1.00		
	5–6–A	1.00		
	1–E–G	0.70		
	1–2–J	1.20		
	3–4–J	1.00		
	6–J–K	0.40		

楼层	墙体位置	砂浆强度（兆帕）	平均值 / 最小值（兆帕）	推定值（兆帕）
三层	13-B-C	0.60	0.73/0.40	0.53
	5-6-A	0.70		
	1-A-B	0.50		
	1-2-A	1.50		
	1-D-E	0.80		
	1-G-H	0.40		
	3-4-J	0.40		
	4-J-K	0.80		
	7-8-M	0.90		

4.4 墙体倾斜测量

在墙体外侧测量各层墙体的倾斜情况，检测发现，墙体顶部均存在一定程度的外倾，倾斜测量结果见下表所示。

墙体倾斜测量表

编号	轴线	1层偏移量 / 毫米（1.6米高度范围内）	2层偏移量 / 毫米（2米高度范围内）
1	13-14-A	22	1
2	11-12-A	26	5
3	10-11-A	24	4
4	8-9-A	24	9
5	7-8-A	30	8
6	5-6-A	34	7
7	4-5-A	21	16
8	2-3-A	22	8
9	1-2-A	21	14

5. 木结构材质状况勘查

5.1 含水率检测结果

经检测，一层木构件含水率 11.00%～16.60%，平均含水率为 13.35%；二层木构件含水率 9.50%～15.80%，平均含水率为 11.43%；三层木构件含水率 8.00%～13.10%，平均含水率为 10.56%。从中可以看出，一层木构件的含水率略高于其他两层，现场对一层立柱的材质状况进行重点勘查。

5.2 材质状况检测结果

一层检测结果

一层存在的主要问题为腐朽，通过普查发现柱 6-H、柱 6-C、柱 11-K 及梁 6-7-H 等构件存在明显腐朽。

因一层含水率较高，所以利用阻抗仪对立柱进行逐个检测。检测结果表明，大部分立柱与地面接触区域都存在一定的腐朽，其中存在中度腐朽及以上的有柱 6-C、10-H、3-C、10-E、6-H、11-K、4-D、7-E、7-D、9-C、10-D、7-G、10-K；存在轻度腐朽的有柱 6-E、7-H、5-H、4-H、4-E、3-E、5-D、6-G、8-C、7-K，材质良好或稍有下降的为柱 5-J、4-G、3-G、11-H、10-G。此外，梁 6-7-H、3-4-E、3-4-G、6-A-B 端部存在腐朽。

检测结果详细列表及照片如下所示。

一层立柱阻抗仪检测表

立柱编号	立柱尺寸（厘米）	检测高度（厘米）	平面腐朽情况	腐朽深度范围（厘米）
6-C	D18	20	重度腐朽	1～6；9～12
6-C	D18	50	重度腐朽	4～16
6-C	D18	100	中度腐朽及以上	9～16
10-H	D20	20	重度腐朽	3～15
10-H	D20	100	轻度腐朽	10～13
3-C	D18	20	重度腐朽或开裂	11～18

立柱编号	立柱尺寸（厘米）	检测高度（厘米）	平面腐朽情况	腐朽深度范围（厘米）
3-C	D18	50	重度腐朽或开裂	11～18
10-E	D18	20	重度腐朽	12～18
10-E	D18	50	中度腐朽	5～11
10-E	D18	100	轻度及以上	5～10
6-H	18*18	上部	严重腐朽	肉眼可见
11-K	D20	根部	腐朽	肉眼可见
4-D	18*18	20	中度腐朽	0～17
4-D	18*18	50	轻度腐朽	0～11
7-E	D18	20	中度腐朽及以上	6～18
7-E	D18	50	中度腐朽及以上	5～12
7-E	D18	100	中度腐朽及以上	5～13
7-D	D18	20	中度腐朽	5～11
7-D	D18	50	中度腐朽	7～11
9-C	D18	20	中度腐朽及以上	5～13
9-C	D18	50	中度腐朽及以上	5～11
10-D	D18	20	中度腐朽	4～11
7-G	D18	20	中度腐朽	0～5
10-K	D20	20	重度腐朽或开裂	5～18
10-K	D20	50	重度腐朽或开裂	6～18
6-E	18*18	20	轻度腐朽	0～18
7-H	D18	20	轻度腐朽	5～9
5-H	18*18	20	轻度腐朽	0～4
4-H	18*18	20	轻度腐朽	9～13
4-E	18*18	20	轻度腐朽	13～18
3-E	D18	20	轻度腐朽	7～18
5-D	18*18	20	轻度腐朽	13～18
6-G	18*18	20	轻度腐朽	0～5
8-C	D18	20	轻度腐朽	1～7
7-K	D18	20	轻度腐朽	1～5

一层 6-H 柱上部腐朽（一）

一层 6-H 柱上部腐朽（二）

一层 6-C 柱根部腐朽

一层 11-K 柱根部腐朽

二层检测结果

对二层木构件进行了普查，普查中含水率较高或者存在其他问题的利用阻抗仪进行了补充检测。检测结果表明，大部分立柱材质相对较好，部分立柱表面存在轻度腐朽（如柱 11-H、6-H、6-G、7-K、3-E），没有发现严重的腐朽情况。

此外，6-C-D 梁西端上部腐朽；6-7-H 梁南端上部腐朽；6-7-D 梁南端上部腐朽；5-C-D 梁西端上部腐朽；3-4-G 梁北端上部腐朽；6-7-E 梁南端上部腐朽，并存在开裂或者空洞；6-7-K 梁南端有开裂。

6-C-D 梁西端上部腐朽

6-7-H 梁南端上部腐朽

三层检测结果

对三层木构件进行普查，普查中含水率较高或者存在其他问题的利用阻抗仪进行了补充检测。检测结果表明，7-K 柱中度腐朽及以上、6-D 柱与楼板相接处腐朽、7-H 柱与楼板相接处腐朽，其余大部分立柱除材质下降外没有严重的腐朽情况。

此外，5-6-C 檐檩处有水迹，檐檩位置瓦面危害严重；1-A-C 檐檩处有水迹，东端腐朽；1-E-G 檐檩处有水迹；7-G-H 檐檩开裂，构件表面有痕迹有加固措施；其他常见材质问题多为开裂。

三层 6-D 柱与楼板相接处腐朽

三层 7-H 柱与楼板相接处腐朽

三层 1-A-C 檐檩东端腐朽

三层 1-E-G 檐檩有水迹

三层 5-6-C 檐檩有水迹

三层 5-A-C 下弦梁开裂

三层 1-3-C 下弦梁西侧开裂

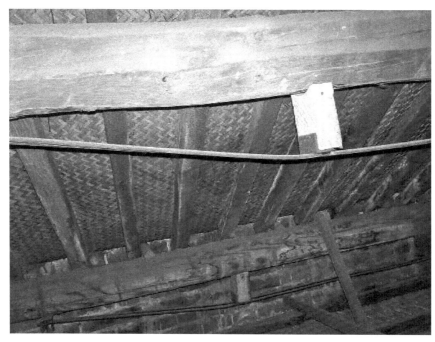

三层 1-3-E 下弦梁上部开裂

5.3 树种鉴定结果

树种鉴定结果见下表所示。

树种鉴定表

编号	名称	位置	树种	拉丁学名
1	柱	一层 4-E	云杉	Picea sp.
2	柱	一层 6-H	云杉	Picea sp.
3	柱	一层 7-H	硬木松	Pinus sp.
4	柱	一层 7-K	硬木松	Pinus sp.
5	柱	一层 11-K	落叶松	Larix sp.
6	柱	二层 6-D	云杉	Picea sp.
7	柱	二层 6-H	云杉	Picea sp.
8	柱	二层 7-H	硬木松	Pinus sp.
9	柱	二层 7-K	硬木松	Pinus sp.
10	柱	三层 6-D	云杉	Picea sp.
11	柱	三层 6-H	云杉	Picea sp.
12	柱	三层 7-H	硬木松	Pinus sp.
13	柱	三层 7-K	硬木松	Pinus sp.
14	楼板梁	一层 6-7-H	云杉	Picea sp.
15	楼板梁	一层 10-11-H	云杉	Picea sp.
16	楼板梁	一层 10-11-K	云杉	Picea sp.
17	楼板梁	二层 6-C-D	云杉	Picea sp.
18	楼板梁	二层 6-7-D	云杉	Picea sp.
19	楼板梁	二层 6-7-H	云杉	Picea sp.
20	楼板梁	二层 11-12-C	软木松	Pinus sp.
21	下弦梁	三层 1-3-C	云杉	Picea sp.
22	下弦梁	三层 1-3-E	云杉	Picea sp.
23	下弦梁	三层 5-J-L	云杉	Picea sp.
24	立柱	三层 2-C	云杉	Picea sp.

续表

编号	名称	位置	树种	拉丁学名
25	立柱	三层 2-E	云杉	Picea sp.
26	立柱	三层 5-K	云杉	Picea sp.
27	上弦梁	三层 2-3-C	云杉	Picea sp.
28	上弦梁	三层 2-3-E	云杉	Picea sp.
29	上弦梁	三层 5-K-L	云杉	Picea sp.
30	脊檩	三层 2-B-C	硬木松	Pinus sp.
31	脊檩	三层 2-C-E	硬木松	Pinus sp.
32	脊檩	三层 4-5-K	硬木松	Pinus sp.
33	金檩	三层 3-B-C	硬木松	Pinus sp.
34	金檩	三层 3-C-E	硬木松	Pinus sp.
35	檐檩	三层 3-B-C	硬木松	Pinus sp.
36	檐檩	三层 3-C-E	硬木松	Pinus sp.

6. 结构安全鉴定

6.1 房屋损坏原因分析和结构构件安全性鉴定评级

依据《民用建筑可靠性鉴定标准》GB50292—1999，对结构进行安全性鉴定评级。

对该结构承重墙进行受压承载力验算所采用的基本参数为：

（1）恒、活荷载标准值参考《建筑结构荷载规范》（GB50009—2012）并结合实际情况进行取值，楼面恒荷载标准值取 2.5 千牛 / 平方米，楼面活荷载标准值取 2.0 千牛 / 平方米，屋面恒荷载标准值取 3.0 千牛 / 平方米，屋面活荷载标准值按不上人屋面取 0.5 千牛 / 平方米，隔墙线荷载取 3.0 千牛 / 米。

（2）材料强度：一、三层砖强度取 5.0 兆帕，二层砖强度取 7.5 兆帕，墙体砂浆强度取 0.50 兆帕。

验算采用中国建筑科学研究院 PKPMCAD 工程部编制的 PKPM 系列软件，建立的结构模型见下图。

结构计算模型

各楼层的受压承载力验算结果见下图。

一层受压承载力验算结果图（图中数字为抗力与荷载效应之比）

二层受压承载力验算结果图（图中数字为抗力与荷载效应之比）

三层受压承载力验算结果图（图中数字为抗力与荷载效应之比）

6.2 构件的安全性鉴定

砌体构件安全性鉴定

砌体构件的安全性等级按承载能力、构造以及不适于继续承载的位移和裂缝等四个检查项目，分别评定每一受检构件，并取其中最低一级作为该构件的安全性等级。

（1）承载能力评定

砖墙：经计算，本结构各层墙体 $R \geqslant 1.00 \gamma_0 S$，承载能力满足标准要求，但由于墙体砖普遍存在风化酥碱现象，均评为 b_u 级。

（2）构造措施评定

该结构整体性构造和连接基本符合规范要求，均评为 b_u 级。

（3）位移评定

经检查，一层 9 处墙体层间位移超过 20 毫米，评为 d_u 级，其余构件均评为 b_u 级。

（4）裂缝评定

经检查，一层 3 面墙体裂缝较严重，最大裂缝宽度均超过 5 毫米，评定为 d_u 级构件；二层 5 面墙体裂缝较严重，最大裂缝宽度均超过 5 毫米，评定为 d_u 级构件；三层 5 面墙体裂缝较严重，最大裂缝宽度均超过 5 毫米，评定为 d_u 级构件，其余构件均评为 b_u 级。

木构件安全性鉴定

木结构构件的安全性等级按承载能力、构造、不适于继续承载的位移（或变形）和裂缝以及危险性的腐朽和虫蛀等六个检查项目，分别评定每一受检构件，并取其中最低一级作为该构件的安全性等级。

（1）承载能力评定

木梁柱：承载状况基本正常，由于木梁柱普遍存在干缩裂缝，均评为 b_u 级。

（2）构造

该结构整体性构造和连接基本符合规范要求，均评为 b_u 级。

（3）腐朽评定

1）木柱：一层 13 根木柱存在较严重腐朽，评定为 d_u 级构件；三层 3 根木柱存在腐朽，评定为 d_u 级构件，其余构件均评为 b_u 级。

2）木梁：一层 3 根楼板梁端部存在较严重腐朽，评定为 d_u 级构件；二层 6 根楼板梁端部存在较严重腐朽，评定为 d_u 级构件，其余构件均评为 b_u 级。

3）木楼板：一层 5 处木楼板存在较严重糟朽破损，评定为 d_u 级构件；二层 2 处木楼板存在较严重糟朽破损，评定为 d_u 级构件；三层 1 处木顶棚存在较严重糟朽破损，评定为 d_u 级构件，其余构件均评为 b_u 级。

4）木屋盖：3 处屋面存在渗漏迹象，评定为 d_u 级构件，其余构件均评为 b_u 级。

6.3 结构系统的鉴定评级

地基基础鉴定评级

通过现场勘查，房屋存在由基础不均匀沉降引起的墙体开裂，但由于房屋已使用多年，基础构件工作状况已趋稳定正常。根据对地基变形和上部结构反应状况的检查结果，按 GB50292—1999 第 6.2.8 条规定，地基基础子单元安全性等级可评定为 B_u 级。

上部承重结构鉴定评级

该房屋采用砖木混合承重的结构形式，结构布置不合理，存在薄弱环节，结构整体性等级评定为 C_u 级；经检查，结构存在明显侧向位移，侧向位移等级评定为 D_u 级；根据构件评定结果，砖墙安全性等级评定为 D_u 级；木构件安全性等级评定为 D_u 级；楼板安全性等级评定为 D_u 级。上部承重结构子单元安全性等级评定为 D_u 级。

围护结构系统的鉴定评级

根据 GB 50292—1999 第 7.4.5 条，可评定为 B_u 级。

6.4 鉴定单元的鉴定评级

综合上述，根据 GB50292—1999 第 8.1.1 条和第 8.1.2 条，房屋的安全性等级评为 D_{su} 级，必须立即采取措施。

7. 结构抗震鉴定

7.1 第一级鉴定

根据《建筑抗震鉴定标准》对该楼的抗震措施进行鉴定。本结构为砖木混合承重结构，标准中对于木结构的鉴定范围不超过两层，对于砖墙承重的空旷房屋鉴定范围不超过一层，由于本结构为三层，超出了以上规定，所以参照多层砌体结构的鉴定方法对本结构的砌体部分进行鉴定。本建筑在 70 年代以前建造，按后续使用年限 30 年考虑，确定本建筑为 A 类建筑；根据国家标准《建筑抗震设防分类标准》确定本建筑抗震设防类别为丙类；本地区设防烈度为 8 度，按照 8 度的要求检查其抗震措施。检查结果如下表所示。

房屋抗震构造措施检查表

	项目	标准要求	结果	实际情况
结构体系	结构体系	对于木结构的鉴定范围不超过 2 层，对于砖墙承重的空旷房屋鉴定范围不超过 1 层	不满足	三层砖木混合承重结构
	横墙数量	横墙很少：开间 ≤ 4.2 米房间占本层总面积 20% 以下，且开间 >4.8 米房间占本层总面积 50% 以上。	很少	
	房屋高度是否超限	普通砖 ≥ 240 毫米：19 米。	满足	12.3 米
	房屋层数是否超限	普通砖 ≥ 240 毫米：六层。	满足	三层
	房屋层高是否超限	普通砖：4 米。	满足	
	房屋实际高宽比是否超限（房屋宽度不包括外走廊宽度）	高宽比不宜大于 2.2，且高度不应大于底层平面的最长尺寸。	满足	未超限
	抗震横墙最大间距是否超限值	木楼、屋盖：普通砖：7 米。	不满足	开间尺寸有 13 米、17 米
	墙体布置规则性	质量刚度沿高度分布较规则均匀，楼层的质心和计算刚心基本重合或接近	基本满足	
	跨度不小于 6 米的大梁是否由独立砖柱承重	跨度不小于 6 米的大梁，不应由独立砖柱承重。	满足	
	房屋的尽端和转角处是否有楼梯间	房屋的尽端和转角处不宜有楼梯间。	不满足	楼梯布置在转角
	楼、屋盖是否适宜	教学楼、医疗用房等横墙较少、跨度较大的房间，宜为现浇或装配整体式楼、屋盖。	不满足	木楼板、三角木屋架
承重墙体材料的实际强度等级	砖、砌块及砌筑砂浆强度等级	砖强度等级不宜低于 MU7.5，且不低于砌筑砂浆强度等级。	不满足	一、三层砖 <7.5 兆帕
		不宜低于 M1。	不满足	砂浆强度：0.53 兆帕

续表

项目		标准要求	结果	实际情况
整体性连接构造	纵横墙交接处连接 纵横墙交接处连接	墙体平面内布置应闭合。	不满足	平面不闭合
		纵横墙连接处墙体内无烟道、通风道等竖向孔道。	满足	无孔道
		木屋架不应为无下弦人字屋架，隔开间有竖向支撑或有木望板和木龙骨顶棚。	满足	为有下弦的三角形木屋架
		楼盖、屋盖的最小支承长度：木屋架在墙上，支承长度最小240 毫米。	满足	超过 240 毫米
	圈梁	圈梁的布置和构造是否满足要求	不满足	未发现圈梁
易引起局部倒塌的部件		承重窗间墙最小宽度不宜小于 1.0 米	满足	
		承重外墙尽端至门窗洞边最小距离不宜小于 1.0 米	不满足	楼梯间处外墙多处小于 1.0 米

根据标准规定，本结构多项明显不符合规定的要求，可不再进行第二级鉴定，评定为综合抗震能力不满足抗震鉴定要求，应对房屋采取加固或其他相应措施。

7.2 结构抗震鉴定结论

（1）本结构为三层砖木混合承重结构，结构体系不满足标准要求。

（2）本结构部分横墙间距为 13 米、17 米，超过标准最大限值 7 米的要求。

（3）楼梯间设置在房屋的尽端，不满足标准要求。

（4）横墙较少、跨度较大房间宜为现浇式或装配整体式楼、屋盖，实际为木楼板、三角木屋架，不满足标准要求。

（5）砖强度等级低于标准最低限值 MU7.5 的要求；砂浆强度为 0.53 兆帕，低于标准最低限值 M1 的要求。

（6）墙体平面内不闭合，不满足标准要求。

（7）未设置圈梁，不满足标准要求。

（8）承重外墙尽端至门洞边最小距离低于标准最低限值 1.0 米的要求。

（9）综上，评定本结构综合抗震能力不满足抗震要求，应对房屋采取加固或其他相应措施。

8. 工程处理建议

（1）鉴于本结构体系不满足要求，可采取改变结构体系的加固方案。

（2）由于房屋平面布局不合理，抗震横墙间距过大，建议增设砌体抗震墙或现浇钢筋混凝土抗震墙。

（3）建议根据相关规范要求对承载力不足及开裂的墙体进行加固修复处理。

（4）由于木楼板刚度较低，整体性较差，建议对其进行加固处理。

（5）对糟朽的木柱、木梁进行修复加固处理。

（6）建议对漏雨处屋面进行维修处理，并对楼、屋盖中存在糟朽的木构件进行修复、替换。

（7）建议修复砖墙存在的风化酥碱等病害。

（8）建议在后期改造时尽量减少楼面自重。

第五章　朱家胡同 45 号结构安全检测

1. 建筑概况

1.1 建筑概况

朱家胡同45号茶室，约建于清代，建筑面积约300平方米，结构形式为砖木结构，坡屋面，平面呈"凹形"。本结构为地上两层，一层层高为 3.5 米，檐高 6.9 米。该结构外观照片见下图。该结构设计施工图纸缺失。

1.2 现状立面照片

建筑东侧外观图

建筑北侧外观图

建筑内侧图

217

1.3 建筑测绘图纸

一层建筑平面测绘图

二层建筑平面测绘图

2. 检测鉴定依据与内容

2.1 检测鉴定依据

（1）《建筑结构检测技术标准》（GB/T 50344—2004）；

（2）《砌体工程现场检测技术标准》（GB/T 50315—2011）；

（3）《近现代历史建筑结构安全性评估导则》（WW/T 0048—2014）；

（4）《建筑抗震鉴定标准》（GB 50023—2009）；

（5）《建筑结构荷载规范》（GB 50009—2012）；

（6）《民用建筑可靠性鉴定标准》（GB 50292—2015）等。

2.2 检测鉴定内容

（1）结构体系检查；

（2）构件外观质量检查；

（3）构件材料强度抽样检测；

（4）构件倾斜状况抽样检测；

（5）结构安全性鉴定；

（6）根据检测鉴定结果，提出工程处理建议。

4. 结构体系检查，外观质量检查

4.1 结构体系检查

经检查，结构形式为砖木结构，三角木屋架，坡屋面，平面呈"凹形"。地上两层，一层层高为 3.5 米，檐高 6.9 米。北侧及东西两侧的山墙为砖砌体墙，外墙厚度为 390 毫米～590 毫米，其中北侧外墙厚度不均，局部有贴建，墙体厚度在贴建房屋处变薄 100 毫米。室内由木柱承重，二层有悬挑走廊。一层顶板为木格栅木楼板，上铺水泥地面；二层顶为三角木屋架，瓦屋面。

4.2 外观质量检查

根据现场情况对该楼具备检查条件的构件进行了检查、检测，主要检查结论如下：

（1）经检查，未发现地基基础存在影响结构安全和使用的不均匀沉降现象。

（2）经检查，北侧山墙厚度不均，外侧有相邻后加贴建房屋，墙体厚度在贴建房屋处变薄 100 毫米，见下图。

北侧上墙厚度不均

北侧山墙厚度不均

（3）经检查，二层墙体存在多条竖向裂缝，其中二层 3-4-C 墙体存在竖向开裂，W_{max}=1.5 毫米；二层 4-5-C 墙体存在竖向开裂，W_{max}=1.5 毫米；二层 5-6-C 墙体存在竖向开裂，内外通裂，W_{max}=5.0 毫米；二层 7-B-C 墙体存在竖向开裂，W_{max}=0.5 毫米。裂缝照片见下图。

二层 3-4-C 墙体竖向开裂

二层 4-5-C 墙体竖向开裂

二层 5-6-C 墙体竖向开裂

二层 7-B-C 墙体竖向开裂

（4）经检查，2根木柱柱底存在明显糟朽，见下图。

二层 3-A 柱柱底糟朽

一层 5-B 柱柱底糟朽

（5）经检查，木构架内部分檩、梁构件存在开裂，个别构件开裂严重，见下图。

1-2 轴南中金檩开裂

1-2 轴北中金檩严重开裂

2 轴三架梁水平严重开裂

2-3 轴南中金檩严重开裂

2-3 轴北中金檩开裂

3-4 轴南中金檩开裂

4-5 轴南中金檩开裂

4-5 轴北中金檩严重开裂

5 轴三架梁水平严重开裂

6 轴三架梁水平严重开裂

6-7 轴脊檩严重开裂

6-7 轴北中金檩开裂

7 轴三架梁水平开裂及渗漏痕迹

（6）二层屋顶局部存在渗漏迹象，见下图。

5-6-C 墙体屋顶处渗漏

6-7-C 墙体屋顶处渗漏

主要缺陷统计表

序号	缺陷类型	轴线位置	缺陷描述
1	墙体变薄	5 轴西侧	墙体厚度在贴建房屋处变薄 100 毫米
2	墙体开裂	二层 3-4-C	墙体存在竖向开裂，W_{max}=1.5 毫米
3	墙体开裂	二层 4-5-C	墙体存在竖向开裂，W_{max}=1.5 毫米
4	墙体开裂	二层 5-6-C	墙体存在竖向开裂，内外通裂，W_{max}=5.0 毫米
5	墙体开裂	二层 7-B-C	墙体存在竖向开裂，W_{max}=0.5 毫米
6	柱底糟朽	二层 3-A 柱	柱底明显糟朽
7	柱底糟朽	一层 5-B 柱	柱底明显糟朽
8	木梁架开裂	屋架 1-2 轴	南中金檩开裂
9	木梁架开裂	屋架 1-2 轴	北中金檩严重开裂
10	木梁架开裂	屋架 2 轴	三架梁水平严重开裂
11	木梁架开裂	屋架 2-3 轴	南中金檩严重开裂
12	木梁架开裂	屋架 2-3 轴	北中金檩开裂
13	木梁架开裂	屋架 3-4 轴	南中金檩开裂
14	木梁架开裂	屋架 4-5 轴	南中金檩开裂
15	木梁架开裂	屋架 4-5 轴	北中金檩严重开裂

序号	缺陷类型	轴线位置	缺陷描述
16	木梁架开裂	屋架 5 轴	三架梁水平严重开裂
17	木梁架开裂	屋架 6 轴	三架梁水平严重开裂
18	木梁架开裂	屋架 6-7 轴	脊檩严重开裂
19	木梁架开裂	屋架 6-7 轴	北中金檩开裂
20	木梁架开裂	屋架 7 轴	三架梁水平开裂及渗漏痕迹
21	屋顶渗漏	二层 5-6-C 轴	墙体屋顶处渗漏
22	屋顶渗漏	二层 6-7-C	墙体屋顶处渗漏

5. 砖、砂浆强度检测

采用回弹法检测墙体烧结普通砖强度，将该结构烧结普通砖分别按批进行评定，根据 GB50315—2011，一至二层砖强度等级推定为 <MU7.5。统计结果见下表。

墙砖强度回弹检测表

层数	平均值（兆帕）	标准差（兆帕）	变异系数	最小值（兆帕）	推定等级
1～2 层	3.7	1.41	0.38	2.2	<MU7.5

采用贯入法检测该结构墙体砌筑砂浆强度，根据 JGJ136—2017，一至二层墙体砌筑砂浆实测强度推定结果为 0.6 兆帕。具体结果见下表。

墙体砌筑砂浆强度检测表

检验批	轴线编号	砂浆测区强度值（兆帕）	推定结果（兆帕）
1 层	5-6-C	1.0	平均值：0.8 最小值 *1.33：0.6
1 层	1-B-C	1.1	平均值：0.8 最小值 *1.33：0.6
1 层	4-5-C	1.0	平均值：0.8 最小值 *1.33：0.6
2 层	2-3-C	1.1	平均值：0.8 最小值 *1.33：0.6
2 层	4-5-C	0.4	平均值：0.8 最小值 *1.33：0.6
2 层	5-6-C	0.5	平均值：0.8 最小值 *1.33：0.6

6. 木柱倾斜检测

现场测量部分木柱的倾斜程度，测量结果见下表。

依据《近现代历史建筑结构安全性评估导则》WW/T 0048—2014第7.4.2.2条规定，木柱构件变形限值为H/180（测量高度为2000毫米时，允许值为11毫米）。

根据测量结果，所抽检二层部分木柱的倾斜程度均不符合规范限值要求。

砌体墙倾斜检测表

序号	轴线位置	倾斜方向	测斜高度（米）	偏差值（毫米）	规范限值（毫米）	结论
1	一层 2-B 轴柱	东	2	10	11	符合
2	一层 3-B 轴柱	东	2	10	11	符合
3	同上	北	2	5	11	符合
4	一层 4-B 轴柱	东	2	3	11	符合
5	同上	北	2	5	11	符合
6	一层 5-B 轴柱	南	2	5	11	符合
7	一层 6-B 轴柱	西	2	5	11	符合
8	同上	南	2	5	11	符合
9	二层 2-B 轴柱	西	2	3	11	符合
10	同上	南	2	10	11	符合
11	二层 3-B 轴柱	东	2	3	11	符合
12	同上	南	2	25	11	不符合
13	二层 4-B 轴柱	西	2	10	11	符合
14	同上	南	2	20	11	不符合
15	二层 5-B 轴柱	南	2	15	11	不符合
16	二层 6-B 轴柱	东	2	5	11	符合
17	同上	南	2	15	11	不符合

7. 地基基础雷达探查

采用地质雷达对结构地基基础进行探查。雷达天线频率为 300 兆赫，全部结构的雷达扫描路线示意图、本结构详细测试结果见下图。

雷达扫描路线示意图

路线 1（室内地面）雷达详细检测图

路线 2（室外东侧地面）雷达详细检测图

由上图路线 1 可见，室内地面雷达反射波各层同相轴基本平直连续，局部存在管线，地面下方未发现存在明显空洞等缺陷。

由上图路线 2 可见，室内地面雷达反射波各层同相轴相对比较杂乱，表明下方土层介质不够均匀，但地面下方未发现存在明显空洞等缺陷。

由于地面无法开挖与雷达图像进行比对，解释结果仅作为参考。

8. 结构振动测试

现场使用 941B 型超低频测振仪、Dasp 数据采集分析软件对结构进行振动测试，测振仪放置在二层 5 轴三架梁上，主要测试结果见下表和下图。

结构振动测试表

方向	峰值频率（赫兹）	阻尼比
东西向	7.42	/
南北向	5.37	/

测试曲线图（东西向）

测试曲线图（南北向）

9. 木构件含水率检测

现场对该房屋具备检查条件的木构件进行了含水率检测及外观质量检查，木构件含水率检测数据结果见下表。勘察结果如下：

（1）一层到二层各木构件含水率在 1.3%～5.3% 之间，不存在含水率测定数值非常异常的木构件，其中一层 B-2、B-5 柱及二层 A-3 柱通过锤子敲击立柱发现轻微空响，因此对这三根立柱进行了进一步检测。

（2）对一层木构件 B-2、B-5 柱进行了强度检测，发现 B-2 柱根部有轻微腐朽现象，B-5 柱根部腐朽严重；对二层木构件 A-3 柱进行了强度检测，发现该柱根部有明显腐朽现象。

木构件含水率检测数据表

序号	楼层	木构件编号	木构件含水率（0.3 米）
1	一层	B-1	5.3%
2		B-2	1.9%
3		B-3	3.3%
4		B-4	2.9%
5		B-5	2.7%
6		B-6	2.7%
7	二层	A-3	2.1%
8		B-4	1.3%
9		C-5	2.9%
10		C-6	2.0%
11		D-2	1.9%
12		D-3	1.8%
13		D-5	2.6%
14		D-6	2.6%
15		D-7	1.6%

10. 结构安全性评估

10.1 评估方法和原则

根据《近现代历史建筑结构安全性评估导则》（WW/T 0048—2014），近现代历史建筑的结构安全性评估应分成地基基础、上部结构（包括围护结构）两个组成部分分别进行评估，每个组成部分应按规定分一级评估、二级评估两级进行。

10.2 结构安全性等级评估

地基基础构件安全性评估

经检查，未发现地基基础存在影响上部结构安全的不均匀沉降裂缝和明显变形，经雷达勘察，未发现地基存在空洞等缺陷，因此，地基基础部分的安全性评为 a 级。

上部结构构件安全性评估

（1）砌体构件的一级评估

砌体结构的检测勘察应包括砌体的外观质量、材料强度、变形、裂缝、构造等 5 个项目，任一项目不满足一级评估，则应进行二级评估。

1）外观质量

砌体墙砌筑质量较差，墙体内侧使用了较多的碎砖，其承重的有效面积存在明显削弱，本项不满足一级评估。

2）材料强度

经检测，砖强度等级推定为 <MU7.5，不满足规范 MU10 的要求；砌筑砂浆抗压强度推定值为 0.4 兆帕，不满足规范 M1.5 的要求，本项不满足一级评估。

3）变形

经检测，砌体墙未发现存在明显变形，本项满足一级评估。

4）裂缝

经检测，多处砌体墙存在明显裂缝，本项不满足一级评估。

5）构造

经检测，本结构墙的高厚比符合国家现行设计规范的要求；连接及砌筑方式基本正确，主要构造基本符合国家现行设计规范要求，仅有局部的表面缺陷，工作无异常。

本项满足一级评估。

（2）木构件的一级评估

木结构的检测勘察应包括木构件的外观质量、变形、裂缝、构造等 4 个项目，任一项目不满足一级评估，则应进行二级评估。

1）外观质量

经检测，3 根木柱柱根出现明显腐朽，其有效面积受损率大于 7.5%，本项不满足一级评估。

2）木结构构件变形

经检测，二层存在 4 根木柱变形超过规范限值，本项不满足一级评估。

3）木结构构件的斜裂缝

经检测，4 根木梁存在斜裂缝限值超过规范 12% 的要求，本项不满足一级评估。

4）木结构构件的构造

经检查，本结构节点连接方式基本正确，主要构造基本符合国家现行设计规范的要求，本项满足一级评估。

（3）砌体构件的二级评估

依据现行《近现代历史建筑结构安全性评估导则》WW/T 0048—2014，对砌体部分结构承载力进行验算。材料强度、结构平面布置、荷载取值、计算参数等依据检测结果及现行规范。

1）计算模型及参数确定

依据现场检测结果，采用 PKPM 软件（PKPM2010 版，编制单位：中国建筑科学研究院 PKPM CAD 工程部），建立结构计算模型，主要参数如下：

①砖强度等级：MU2.5；砂浆强度：0.8 兆帕。

②楼屋面荷载按实际情况进行取值，具体取值见下表。

楼屋面荷载标准值取值表

类别	建筑用途	标准值
恒载	楼面面层	2.0 千牛 / 平方米
	屋面面层	4.5 千牛 / 平方米
活载	楼面	2.0 千牛 / 平方米
	非上人屋面	0.5 千牛 / 平方米

续表

类别	建筑用途	标准值
风荷载	地面粗糙度类别：C 类，基本风压：0.45 千牛 / 平方米	

结构计算模型

2）砌体承重墙承载力计算结果

砌体墙受压验算结果见下图，砌体墙受压承载力均满足标准要求。

1 层墙受压承载力计算图

2 层墙受压承载力计算图

241

（4）上部结构安全性综合评估

综上，根据规范 WW/T 0048—2014 第 8.4 节，上部结构砌体构件安全性等级评定为 a 级；木构件安全性等级评定为 c 级。

建筑整体安全性等级评估

综合地基基础与上部结构的安全性评级，根据《近现代历史建筑结构安全性评估导则》WW/T 0048—2014 第 8.4 节，评定该房屋的安全性等级为 C 级，整体安全性显著不满足要求，少数构件需要采取措施。

11. 结构抗震鉴定

根据《房屋结构综合安全性鉴定标准》（DB11/637—2015），对现使用功能下的结构抗震能力进行鉴定，给出鉴定单元抗震能力的综合鉴定评级。

11.1 地基基础抗震能力鉴定

本房屋建筑所在场地为建筑抗震一般地段，根据《房屋结构综合安全性鉴定标准》（DB11/637—2015）第 5.4.5 条，地基基础抗震能力等级评为 A_e 级。

11.2 上部结构抗震能力鉴定

抗震措施鉴定

根据《建筑抗震鉴定标准》（GB 50023—2009）对该结构的抗震构造措施进行鉴定。本结构建于清代，按后续使用年限 30 年考虑，确定本建筑为 A 类建筑；根据国家标准《建筑抗震设防分类标准》确定本建筑抗震设防类别为丙类；本地区设防烈度为 8 度，按照 8 度的要求检查其抗震措施。检查结果如下表所示。

结构不满足要求或超出规范限值的主要项目如下：

（1）墙体存在竖向裂缝，不满足标准要求。

（2）木屋架构件存在严重开裂，不满足标准要求。

（3）抗震横墙最大间距超限，不满足标准要求。

（4）砖强度等级及砂浆强度等级过低，不满足标准要求。

（5）各层均未设置圈梁，不满足标准要求。

房屋抗震构造措施检查表

基本信息			
墙体（材料）类别	烧结黏土实心砖	墙体厚度（毫米）	390 毫米～590 毫米

（一）一般规定

外观质量	墙体空臌、严重酥碱和明显闪歪	□有　■无
	支承大梁、屋架的墙体存在竖向裂缝，承重墙、自承重墙及其交接部位存在明显裂缝	■有　□无
	木楼、屋盖构件明显变形、腐朽、蚁蛀和严重开裂	■有　□无
	混凝土梁柱及其节点开裂或局部剥落，钢筋露筋、锈蚀	/
	主体结构混凝土构件明显变形、倾斜和歪扭	/

（二）上部主体结构

2.1 结构体系

项目	结果	8 度标准限值
横墙数量	□一般 □较少 ■很少	横墙较少：开间 >4.2 米房间占本层总面积 40% 以上 横墙很少：开间 ≤ 4.2 米房间占本层总面积 20% 以下，且开间 >4.8 米房间占本层总面积 50% 以上
房屋高度是否超限	□超限 ■未超限	普通砖 ≥ 240 毫米：19 米
房屋层数是否超限	□超限 ■未超限	普通砖 ≥ 240 毫米：六层
层高是否超限	□超限 ■未超限	普通砖和 240 毫米厚多孔砖房屋层高不宜超过 4 米
房屋实际高宽比是否超限（房屋宽度不包括外走廊宽度）	□超限 ■未超限	高宽比不宜大于 2.2
抗震横墙最大间距是否超限值	■超限 □未超限	现浇或装配整体式楼盖：砖实心墙 15 米 装配式混凝土屋盖：砖实心墙 11 米 木、砖拱：砖实心墙 7 米
墙体布置规则性	■满足 □不满足	质量刚度沿高度分布较规则均匀，楼层的质心和计算刚心基本重合或接近
跨度不小于 6 米的大梁是否由独立砖柱承重	■满足 □不满足	跨度不小于 6 米的大梁，不宜由独立砖柱承重
楼、屋盖是否适宜	■满足 □不满足	教学楼、医疗用房等横墙较少、跨度较大的房间，宜为现浇或装配整体式楼、屋盖

续表

2.2 承重墙体材料的实际强度等级			
砖、砌块及砌筑砂浆强度等级	砖强度等级：MU2.5 砖强度等级：砂 0.8 兆帕		
砖强度等级不宜低于 MU7.5，且不低于砌筑砂浆强度等级		□满足	■不满足
墙体的砌筑砂浆强度等级不应低于 M1；砌块墙体不应低于 M2.5		□满足	■不满足
构造柱、圈梁实际达到的混凝土强度等级不宜低于 C15		/	
3. 整体性连接构造			
3.1 纵横墙交接处连接			
墙体平面内布置应闭合		□满足	■不满足
纵横墙连接处墙体内无烟道、通风道等竖向孔道		■满足	□不满足
4. 圈梁			
屋盖外墙	均应有	□满足	■不满足
屋盖内墙	纵横墙上圈梁的水平间距分别不应大于 8 米和 12 米	□满足	■不满足
楼盖外墙	横墙间距大于 8 米时每层应有，横墙间距不大于 8 米层数超过三层时，应隔层有层	□满足	■不满足
楼盖内墙	同外墙，且圈梁的水平间距不应大于 12 米	□满足	■不满足
5. 局部易倒塌部位			
承重门窗间墙最小宽度不宜小于 1.0 米		■满足	□不满足
承重外墙尽端至门窗洞边最小距离不宜小于 1.0 米		■满足	□不满足

抗震宏观控制

本结构主体为地上二层砌木结构，房屋层数、整体性连接构造基本符合现行国家标准《建筑抗震鉴定标准》（GB50023—2009）的要求，地基基础与上部结构相适应，房屋构件实际材料强度不符合《建筑抗震鉴定标准》（GB50023—2009）的要求。根据《房屋结构综合安全性鉴定标准》（DB11/637—2015）第 6.4.6 条，本结构的抗震宏观控制等级评为 C_{e2}。

抗震承载力

根据《房屋结构综合安全性鉴定标准》（DB11/637—2015）第 6.4.3 条，综合抗震承载力按楼层综合抗震能力指数进行评价。各楼层综合抗震能力指数计算统计结果见下表，各楼层的墙段抗震能力指数计算结果见下图。

244

根据《房屋结构综合安全性鉴定标准》（DB11/637—2015）第 6.4.3 条、第 6.4.4 条，上部结构的综合抗震承载力评级为 D_{e1} 级。

楼层综合抗震能力指数计算表

方向	层号	ξ_{0i}	λ	β_i	Ψ_1	Ψ_2	综合抗震能力指数 β_{ci}
东西向	1 层	0.0386	1.5	2.38	1.0	1.0	2.38
南北向	1 层	0.0386	1.5	0.73	1.0	1.0	0.73
东西向	2 层	0.0395	1.5	1.80	1.0	1.0	1.80
南北向	2 层	0.0395	1.5	1.13	1.0	1.0	1.13

一层砌体墙抗震能力指数计算结果

二层砌体墙抗震能力指数计算结果

11.3 鉴定单元抗震能力评级

综合地基基础与上部结构的抗震能力评级，根据《房屋结构综合安全性鉴定标准》（DB11/637—2015）第 3.5 节，评定该房屋的抗震能力等级为 D_{se} 级，抗震能力严重不符合现行国家标准《建筑抗震鉴定标准》（GB50023—2009）和《房屋结构综合安全性鉴定标准》（DB11/637—2015）的抗震能力要求，严重影响整体抗震性能。

12. 工程处理建议

（1）建议对墙体裂缝进行修复加固处理，并对抗震承载力不足的一层横墙进行加固处理。

（2）建议对柱脚槽朽的木柱进行修复加固处理，可采取木料墩接并加设铁箍的加固方式。

（3）建议对开裂程度相对较大的梁檩等木构件进行修复加固处理，可采用嵌补的方法进行修整，再用铁箍箍紧。

（4）建议对渗漏处屋面进行修复处理。

（5）建议对二层倾斜超限的木柱进行修复加固处理。

（6）经检查，本结构北侧山墙二层外侧有相邻后加贴建房屋，贴建房屋在建造时和使用时都有可能对墙体施加外力影响，这部分外力可能会导致墙体受损。建议将贴建房屋与北侧山墙之间留出一定的距离；为防止贴建房屋屋顶排出的雨水对墙体与基础产生不利影响，建议增设排水设施。

后　记

　　从此检测项目开始，许立华所长、韩扬老师、关建光老师、黎冬青老师给与了大量的支持和建议，居敬泽、杜德杰、陈勇平、姜玲、胡睿、王丹艺、房瑞、刘通等同志，在开展勘察、测绘、摄影、资料搜集、检测、树种鉴定等方面做了大量工作。在此致以诚挚的感谢。

　　本书虽已付梓，但仍感有诸多不足之处。对于北京近代建筑文物本体及其预防性保护研究仍然需要长期细致认真的工作，我们将继续努力研究探索。至此再次感谢为本书出版给予帮助、支持的每一位领导、同事、朋友，感谢每一位读者，并期待大家的批评和建议。

张　涛

2020 年 8 月 11 日